Vida y Conocimiento

"Desde lo profundo de nuestro corazón hacia la plenitud de la vida"

RAMÓN PADILLA HERNÁNDEZ

DEDICATORIA

Antes de plasmar la dedicatoria en el presente libro doy gracias a Dios creador del Universo, por permitir: tiempo, espacio y conocimientos para la apertura de la presente obra. Se da inicio con las palabras sabias de nuestro gran maestro *"Simón Rodríguez"*.

"De los adultos se puede esperar muy poco, de los jóvenes se puede esperar mucho, de los niños se puede esperar todo. Por eso hay que guiar a los niños, dirigir a los jóvenes y tolerar a los adultos. Cumplirles a todos en igualdad social es hacer justicia, buscar los medios para llevar a cabo la acción es nuestra obligación".

Por lo tanto, desde lo más profundo de mi corazón y esperando que todo el que tenga la oportunidad de leer este libro se proyecte siempre hacia la plenitud de la vida.
Lo dedico:

A mi hijo Martín Padilla por ser fuente de amor, inspiración y continuidad.

A la fuente de inspiración divina. ***A todos los niños de Latinoamérica y del mundo.***

Al rayo de energía vibrante, la fuente del poder transformador. ***A todos los jóvenes de Latinoamérica y del mundo.***

A la fuente de luz, sabiduría y madurez que se abre paso a la fuente de inspiración divina y a la fuente del poder transformador. ***A todos los hombres y mujeres de nuestra región Suramérica y del mundo.***

A la Patria. ***A la gran familia*** conformada por todos y cada uno de los hogares.

A nuestra madre universal. *La tierra,* el planeta donde nace y se preserva cualquier forma de vida.

A la consciencia, que es la identidad del espíritu tanto individual como colectivo y como todos somos una gran familia, debemos luchar con conciencia por una única consciencia del todo, donde se preserve el espíritu superior de la felicidad colectiva.

A todas las personas que de alguna u otra manera colaboraron en la presente obra, con consejos, sugerencias y palabras llenas de sabiduría que fueron sumadas al presente, a todos gracias.

A todas las personas que tengan la oportunidad de leer este libro.

SOBRE ESTE LIBRO

Todo comienza y todo termina, pero debes determinar que los comienzos marcados en tu existencia dejen una huella imborrable hasta los confines de la existencia humana, todo se mueve y nada permanece invariante en el tiempo, todo es cíclico limitado por periodos temporales, todo está relacionado entre sí por canales cuánticos conocidos y desconocidos a la vez, la luz no se esconde en la oscuridad y por el contrario desvanece a la oscuridad hasta convertirla en claridad. El mundo, hoy día está transitando en medio de una crisis económica, social, moral y cultural; engendrada desde las grandes potencias mundiales hasta los países de menor poder económico que solo dependen de la exportación de sus recursos naturales e importación de productos elaborados y una de las peores consecuencias; es la falta de producción, la cual origina una crisis en todos los ámbitos, propagada por la corrupción y disputa por poder, acentuando consecuencias negativas en el seno de los pueblos, creando escenarios para desestabilizar y dividir cada día más. Es imperioso aportar una semilla de amor y positivismo en cada rincón del universo desde nuestras capacidades y potencialidades, valorando las potencialidades humanas y ecológicas de los territorios. Todos en equipos creando sus propias normas, procedimientos y técnicas según las potencialidades sin ser dependientes de productos elaborados que alejan de la realidad social haciendo a un lado las virtudes humanas.

La presente obra consta de 11 capítulos combinando varios temas pasando por lo emocional, espiritual e intelectual, donde cada lector se sentirá identificado con al menos un capitulo del libro "*Vida y Conocimiento*". Con mucho amor este libro es para ti que lo estas leyendo en este momento y esperando dejar algún conocimiento que sea una huella positiva en tu vida para que desde lo profundo del corazón siempre se camine en cualquier parte del mundo hacia la plenitud de la vida.

CONTENIDO

AGRADECIMIENTOS

Agradezco a Dios primeramente por permitir espacio, tiempo, salud y sabiduria en momentos donde la mente estaba en blanco siempre resaltaba una idea proveniente de la sabiruria de Dios. A mi hijo Martín Padilla por su paciencia en momentos que dejaba de dedicarle tiempo. A mi madre Ligia Mercedes Hernandez por ser quien me permitio la vida en este mundo. A mi Pastor Rufino Alcantara y su esposa Irma Pinedo por su apoyo en momentos dificiles y contribuir a mi crecimiento espiritual en la Iglesia Cristiana Dios de la Profecia 1ro de Mayo. Al equipo *Espiral del Conocimiento* por ser parte de esta obra: Teodoro Cordero, Ariana Vega Leca, Belisa Salazar Poma y Ruth Jimena. A la Universidad Tecnologica del Perú UTP por permitir desarrollar mi potencial como docente universitario y así transformar vidas en Perú. A todas las personas que de alguna u otra forma permitieron el desarrollo de este libro.
A todos gracias.

1 EL VIAJE

El movimiento armónico entre galaxias es un viaje, donde cada galaxia es una célula y entre ellas la vía láctea *"galaxia que nos contiene"*, sin perder generalidad se llamará a la vía láctea, AUTOBUS LÁCTEO TRIDIMENSIONAL; del cual absolutamente todos los organismos entre materia y energía somos pasajeros <<pasajeros del tiempo lácteo tridimensional>>. Por lo tanto, absolutamente todo está en movimiento y cada movimiento dentro de un movimiento más grande es parte del engranaje de un único movimiento, es decir; movimiento único o general que contiene multiplicidades de diversos movimientos que son parte del mismo movimiento universal engendrado desde la unidad, la dualidad y la trinidad en una biyección perfecta con la vida, el verbo y la luz.

Cada atardecer implica un amanecer y cada amanecer implica un atardecer, pues cuando observamos hacia el horizonte y vemos al sol nacer implica un amanecer en nuestro espacio tiempo y un atardecer en el espacio tiempo a la otra mitad del planeta tierra, por tal razón, hermanos y amigos; nunca vean el caer de la tarde o la llegada del atardecer como el final, pues es lo contrario, este atardecer viene acompañado de un nuevo amanecer, es decir; un nuevo comienzo.

El viaje nunca termina y cada quien decide su propia felicidad en cada recorrido y esto lo descubrí viajando de un País hacia otro pasando por más de dos países. Amigos, amigas, hermanos; la vida es una aventura y hay que atreverse a correr el riesgo de ganar o perder, pues; quien nada arriesga nada gana y nada pierde, aunque perder también significa ganar porque se gana experiencia y conocimientos para afrontar las nuevas aventuras del viaje que nunca termina.

Desde el Occidente hacia el Oriente y sin darme cuenta subí en un autobús que llamo "Enamórate" simbolizando metas y objetivos profundos estampando amor verdadero en mi corazón y reafirmando mi amor a la Patria, amor que confirma mi compromiso con los niños, con los inocentes, con los abuelos, con la juventud, con los hombres y mujeres de nuestra Región. <<Si vivo, viviré y lucharé por todos, y si muero, moriré alcanzando la plenitud de la vida>>, este autobús está contenido en una espiral de amor, de pasión, de voluntad, de aventuras y de conocimientos; por lo tanto, invito a todo aquel que lea estas líneas a subir en el autobús "Enamórate", quien inspiro estas líneas ya es parte del autobús.

Enamórate de la vida.
Enamórate de los bellos momentos.
Enamórate de los pequeños detalles.
Enamórate de la naturaleza.
Enamórate de los niños.
Enamórate de las causas justas y verdaderas.
Enamórate de tu patria.

El pasado ya es historia, el futuro probablemente llegará, el presente a veces dura poco. Pero construir el futuro con los argumentos del pasado es vivir el presente. Por eso vive tu presente con amor, energía y pasión desde lo profundo de nuestro corazón hacia la plenitud de la vida.

La vida es un movimiento continuo. Si el mundo se mueve, muévete también, lo que no debe ocurrir es que el mundo se mueva y te quedes estático porque todo cambiará y tú seguirás en el mismo lugar, ya que hasta tu edad se moverá.

2 ESCENARIO ESTÁNDAR

Se da inicio de este capítulo considerando el siguiente ejemplo.

Sean:

1 = Una semilla de mango.

2 = Un árbol de mango.

3 = Tierra.

4 = Agua.

5 = Sol.

6 = Luna.

7 = Hombre.

8 = Elementos presentes en la naturaleza.

9 = Conciencia integradora.

Tengamos en cuenta las siguientes preguntas e incluso para el resto del libro y de nuestras vidas individuales y colectivas:

a). ¿Quién fue primero, la semilla de mango o el árbol de mango?.

b). ¿1 genera a 2 y 2 genera a 1?.

c). ¿1 y 2 son posibles sin la existencia de: 3, 4, 5, 6, 7, 8 y 9?.

d). Imagínese que alguno de los elementos: 1, 2, 3, 4, 5, 6, 7, 8 ó 9, está sólo y aislado en el universo. ¿Qué representaría ese elemento en el universo?, ¿fuera posible su existencia?.

e). Qué opina usted sobre la siguiente afirmación: "No existe ninguna partícula aislada en el universo y por lo tanto cualquier partícula por pequeña que sea es parte del todo y el todo es parte de la partícula".

f). ¿La integración de 1, 2, 3, 4, 5, 6, 7, 8 y 9 forma un sistema?.

g). Si adicionamos dos variables nuevas llamadas: E = Espacio y T = Tiempo. ¿Qué papel juegan estas nuevas variables en el sistema?.

h). Si integramos y articulamos los elementos: 1, 2, 3, 4, 5, 6, 7, 8, 9, E y T; se crea un momento en el espacio tiempo, al conjunto de todas las acciones presentes en ese momento lo llamaremos **escenario**.

i). ¿Puede usted crear un escenario para cada momento de su vida?.

Vida y conocimiento. Desde lo profundo de nuestro corazón hacia la plenitud de la vida:

"El universo es un grafo completo donde los vértices son las distintas formas de vida física y espiritual y las aristas que las integra y articula es el gran poder de DIOS, además cada articulación e integración es un escenario".

El amor al prójimo siempre nos debe motivar a crear un escenario óptimo para el futuro de los niños en función de un mundo mejor.

¡Lo que es, no es lo que es y lo que parece ser no es lo que parece ser! Hasta la matemática reina madre de todas las ciencias tiene margen de error porque es una ciencia basada en aproximaciones. ¡La única verdad sobre todas las cosas está en la palabra de Dios registrada en la Biblia!

El escenario estándar mundial en el que se ha envuelto la población se describe de la siguiente manera.

El sistema educativo juega un papel importante en el desarrollo de cualquier nación del mundo, debido a que los conocimientos impartidos a los pueblos; son condicionados por las grandes transnacionales del mundo y es por esta razón, que sólo existe un único sistema educativo a nivel mundial. El modelo educativo se rige por las normas de estandarización dadas por las grandes transnacionales existentes en el mundo; es decir, todo profesional está formado para trabajar tanto en transnacionales como en multinacionales y a su vez las mismas son las que controlan las economías mundiales tanto de países potencias como de países de menos recursos.

Algunos países son potencias mundiales a nivel económico porque en ellos hay concesiones de grandes transnacionales y como la educación se rige por las normas dadas por estas transnacionales estamos en presencia de un país desarrollado a nivel económico. En el caso venezolano, el país fue sumergido en una profunda crisis política, social y económica y en gran parte responsabilidad de la misma población que se equivocó en una decisión colectiva donde un pequeño grupo corrupto engaño a los más inocentes y vulnerables económicamente haciendo políticas en base a las necesidades de la gran mayoría (Por eso la educación en los niños jóvenes y adolescentes es fundamental para evitar la esclavitud colectiva en base a necesidades básicas de una población) y como el sistema educativo es unipolar a nivel mundial, entonces la educación está de espalda a la dinámica social y por lo tanto las soluciones aportadas a la sociedad son muy superficiales y sin proyección hacia las generaciones futuras. En tal sentido el autor del presente libro es completamente responsable de lo que piensa, dice y escribe; y propone e invita a todos los intelectuales de Venezuela a unir esfuerzos con los intelectuales de toda la región Sudamericana para mejorar el sistema educativo actual de toda la región y proyectar un nuevo sistema de educación hacia el futuro, y no sólo eso, se debe ir más profundo para cambiar completamente y de raíz el sistema educativo venezolano, ya que el régimen Chavista-Madurista destruyo los sistemas: educativos, social y de salud del país Sudamericano de tal forma que el nuevo sistema se enmarque en un modelo adaptado a la dinámica social al mismo ritmo del mundo global y de cooperación entre las regiones de América Latina, pues los Sudamericanos son hermanos y los une el pasado, el presente y el futuro y todos los países se complementan en recursos y potencialidades humanas. Ya que, si Venezuela recupera su equilibrio político, social y educativo, entonces todos los países de América Latina prosperarán al mismo ritmo de crecimiento que lo haga Venezuela (ya que Venezuela es una potencia energética en recursos naturales no renovables, principalmente el petróleo).

> Pueden existir buenas intenciones dentro de parcialidades políticas que luchan por un objetivo, pero si las luchas no están guiadas y planificadas como una estructura de fractal conjuntamente con el sistema educativo en función del bien común de toda la población. Entonces no existe visión de futuro y se somete a todo un pueblo a retrocesos continuos que marcan una historia sin rumbo de las generaciones presentes y futuras. Ramón Padilla

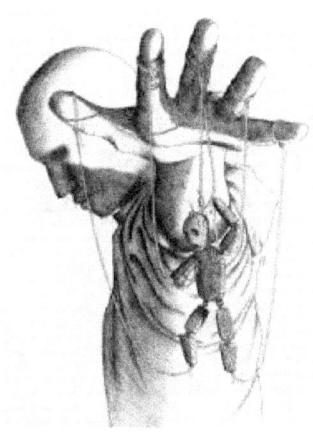

Es notable destacar que falta un eslabón importante para el desarrollo de nuestros países de América Latina, que es la existencia de una **Ciencia Criolla** que sirva de guía para todos los procesos productivos por las barreras impuestas por los países en mano de comunistas maquillados de socialistas como en el caso venezolano que destruyó el sistema educativo trayendo como consecuencia retrocesos continuos en todos los sistemas productivos y la desintegración de muchas familias. La efectividad de todas las políticas de producción y defensa, que se ejecutan en esta región

Sudamericana son a corto plazo, por otro lado, los conocimientos que imperan en el sector educativo quedan completamente a espaldas de los procesos productivos de las naciones, y de esta manera a la población en consumistas potencialmente dependientes del régimen autoritario, siendo marionetas del poder ejecutivo.

En conclusión, podemos resaltar que el poder ejecutivo de Venezuela ha invadido a la población según los siguientes aspectos.

1) Apropiación y degradación del sistema educativo.

2) Imposición de ciencias basadas en conocimientos prácticamente inútiles para la producción de los pueblos.

3) Formación de individuos según sus criterios, los cuales son transformados en foráneos en su propia tierra.

4) Todas las planificaciones realizadas en el territorio venezolano son a corto plazo, ya que el poder ejecutivo siempre se revierte puesto que el mismo está impregnado de doctrinas e ideologías inmersas en una profunda utopía.

5) Los aspectos antes mencionados son algunas de las causas de cómo el poder ejecutivo venezolano ha destruido todos los sistemas de producción, convirtiendo a la población en marionetas esperanzados en una utopía política.

Lo escrito en los párrafos anteriores sólo describe la génesis del escenario desestabilizador en el cual están inmersos todos los habitantes de la región sudamericana. Pues un escenario primero se planifica, en segundo lugar, se modela, en tercer lugar, se simula y por último se crea; en otras palabras y de forma general, vivimos inmersos en un escenario planificado progresivamente desde hace más de mil años atrás, modelado antes de la primera guerra mundial, simulado entre la primera y la segunda guerra mundial y creado con la segunda guerra mundial. Hoy en día en los laboratorios de guerra con ciencias y tecnologías totalmente desconocidas por casi todos los humanos, se está modelando y simulando sobre el escenario ya creado en la segunda guerra mundial, para crear el próximo escenario que marcará la apertura de una nueva era guiada por la modernización del sistema de control de los humanos o en su defecto un nuevo sistema de control para apoderarse y expropiar la conciencia del hombre y de los recursos naturales de cada región del mundo.

Inundemos nuestros corazones de amor y una gran voluntad de lucha inspirada en *Jesús el Cristo Redentor, Jesús = 100% hombre y Cristo = 100% Dios; es decir, Dios hecho hombre para salvar al mundo por su infinito amor y su justicia divina*. Desde lo profundo de nuestro corazón hacia la plenitud de la vida, hermanos de América Latina y a todos los que tengan la oportunidad de leer estas líneas de cualquier continente del mundo, *que seamos espíritus que se oponen al paradigma del poder autoritario mundial y que luchemos todos juntos para crear medios tan nuevos como nueva es la República que se ha de construir para resguardar el futuro de los niños y restablecer un nuevo orden mundial,* donde no existan preferencias odiosas de egoísmo ni seamos marionetas de ningún poder autoritario.

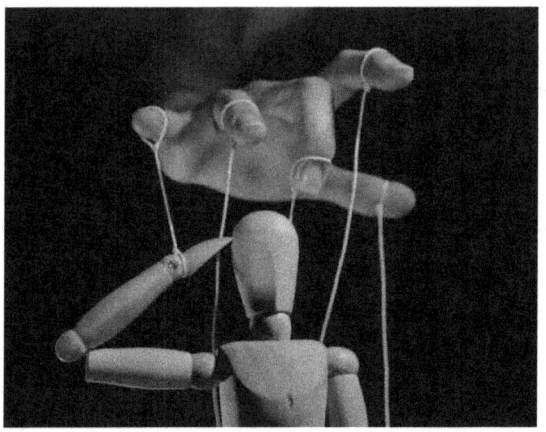

Un pueblo instruido es un instrumento visible de su propia grandeza y la proyección positiva de su propia patria.

Articulación necesaria para mantener el equilibrio social en un país

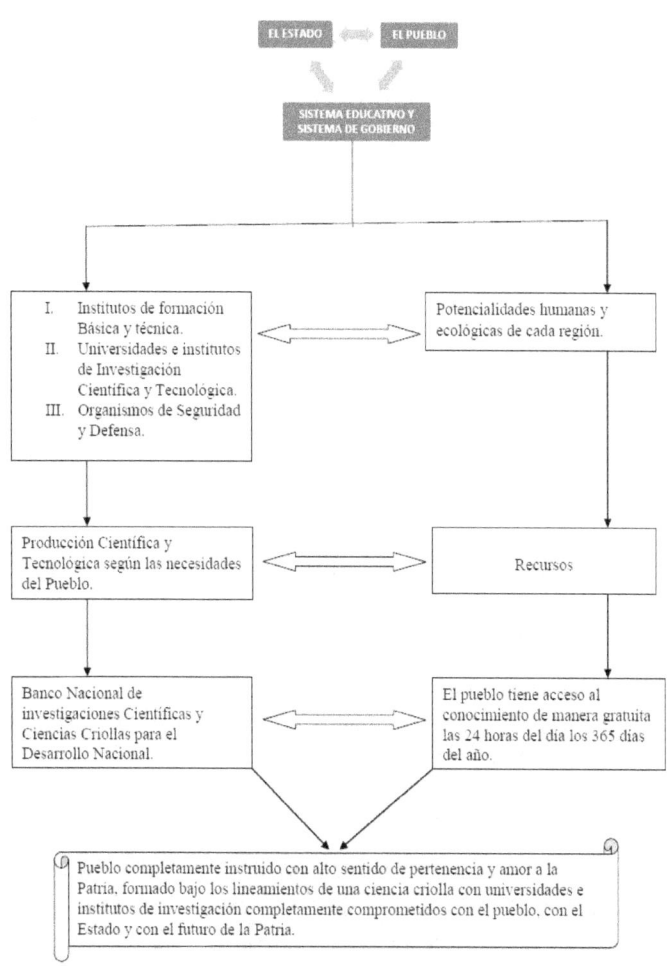

Basándonos en el diagrama anterior nos damos cuenta de lo importante que es para el desarrollo de nuestras regiones, la existencia de una **ciencia criolla** que sirva de guía para todos los procesos productivos de los pueblos, según su propia dinámica social. Así, todas las políticas de producción y defensa de las naciones serán planificadas, modeladas y ejecutadas con nivel máximo de efectividad en concordancia con el sistema educativo en cuanto a la formación del niño proyectando al hombre del futuro. Por otro lado, los conocimientos que son necesarios para los procesos productivos de las naciones son aquellos que están enraizados con la dinámica social y sólo así, las personas serán altamente humanistas, patriotas y con afinidad colectiva donde cada individuo luche por el bienestar de todos.

En conclusión, podemos resaltar que para liberarnos del yugo opresor de los regímenes imperantes del momento son condición necesaria los siguientes aspectos:

1. Implementación o innovación de un nuevo sistema educativo.
2. Creación e implementación de ciencias criollas basadas en conocimientos acordes a la dinámica social.
3. Formación de individuos humanistas, con sentido de pertenencia y amor a la patria, cultos en su trato y conocedor de la cultura e historia de su región.

El escenario estándar mundial actual es un escenario de distracción total que permite al individuo y la colectividad estar alejados de la realidad y de sus propias potencialidades humanas. El internet y las redes sociales son los principales distractores que mantienen distraídos a casi toda la población del mundo desde los niños hasta los más adultos.

El internet en los niños debe ser supervisado y controlado sin dejarles a su libre disposición, además se debe mantener a los niños alejados de las redes sociales y de las plataformas de videos porque es necesario cuidar la salud mental de los niños, ya que ellos son el tesoro más grande y son las futuras generaciones que velaran por el cuidado y preservación del planeta y todas las especies vivas.

3 UN PEDACITO DE TIERRA EN EL CORAZÓN DE AMERICA Y DEL MUNDO

CIENTIFICO ACTUAL VS CIENTIFICO EMOCIONAL.

Desde lo profundo del corazón y deseando la plenitud de la vida de quien está leyendo estas líneas, la plenitud de la vida de todo niño, de todo adulto, de todo abuelo, de todo hogar en América y del mundo entero. *"Venezuela un pedacito de tierra en el corazón de América y del mundo",* sumergida en una noche oscura, opacada por la corrupción y el terrorismo político. ¡Cayo la tarde!, ¡cayo la tarde!, ¡llego la oscuridad! un 27 de febrero de 1989, La primera rebelión popular contra el Fondo Monetario Internacional (FMI), nacía en Caracas Venezuela el 27 de febrero de 1989; lo que se llamó entonces "El Caracazo". Era el grito que sacudía a la nación contra la miseria, el hambre y la pobreza creada por la receta del (FMI) que implosionó con el aumento de la gasolina, un pueblo que encendía la chispa de su propia liberación (realmente no era su liberación, se despertaba un monstruo que posteriormente sumergiría a la nación venezolana en una oscuridad total), que fue respondida por una ráfaga de balas ordenadas por el presidente de entonces, Carlos Andrés Pérez. Dos resultados; el primero, una masacre sin precedentes en la historia de la República y el segundo, el cambio de paradigmas que se impulsó desde la conciencia social para cambiar el sistema de la democracia representativa hacia el socialismo del siglo XXI impulsado por Hugo Chávez Frías, un régimen populista que se aprovechó del momento histórico y de las necesidades del pueblo para sembrar su doctrina Castro comunista en el corazón de muchos venezolanos y así someter a la nación venezolana en retrocesos continuos maquillados en bonos, bolsas de comidas, entre otros con el fin de hacer dependientes a los individuos y la colectividad para su control social. En 1989 se dio un paquete de medidas económicas que no fueron entendidas en su momento y que abrió paso a un gigante populista rodeado de ambición por poder y de izquierdistas sedientos del tesoro nacional, para terminar de saquear las riquezas del país, dieron paso a una agobiante crisis social que de manera insostenible estalló en 1989 en las calles de Caracas, Guarenas y se extendió a Valencia y otras ciudades del país. La persecución contra el soberano se extendió hasta el 8 de marzo. El pueblo salió a las calles para tomar lo que era suyo y que se le había negado para satisfacer a la burguesía. Para el momento se contaron oficialmente 276 muertos, y extraoficial se registraron más de 3.000 desaparecidos, esto tras la masacre protagonizada por la Policía Metropolitana y la Guardia Nacional de ese año, mientras el pueblo bajó a llevarse la comida, vestimenta, calzado y artículos que no podía comprar por los recortes económicos y las exigencias de mayores aportes fiscales que se implementaban para poder responder al FMI.

Con la rebelión popular del año 1989, comienza a dar sus primeros pasos un gigante populista (Hugo Chávez Frías) que supo concretar estratégicamente para su propio interés, la situación vivida de ese momento y empieza a jugar con la esperanza de todo el pueblo, dijo una frase que se sembró de esperanza a los más humildes e inocentes ***"Por ahora no hemos logrado nuestros objetivos"*** esta corta frase en pocos minutos a través de los medios de comunicación (televisión, radio y prensa escrita) recorrió todo el país y se repetía una y otra vez. Así comienza la convolución de Venezuela hacia el retroceso más grande de toda la historia de algún pueblo de América Latina.

¡Cayo la tarde!, ¡cayo la tarde!, ¡llegó la oscuridad!, en medio de las necesidades se emprende un proyecto social populista con profundo adoctrinamiento sembrando esperanza en el pueblo más vulnerable, poco a poco se sumerge la nación en una oscuridad total donde el gigante populista opera en el sueño de todos los venezolanos, ya que se adoctrina gran parte de la población, se le engaña y se ofrecen grandes cambios populares con la suma de felicidad y pobreza cero "0", se sumerge la nación en una utopía política desproporcionada de la realidad pero creída por la gran mayoría.

¡Cayo la tarde!, ¡cayo la tarde!, ¡llegó la oscuridad!, 10 años después (1999), el proyecto social comienza a tener forma con la victoria electoral de Hugo Chávez Frías. El pueblo creía que llegaba el gran cambio y se harían realidad todos sus anhelos por los cuales estaban esperanzados en las promesas políticas durante la campaña electoral del presidente recién elegido por la mayoría de votantes, en ese momento comienza un gobierno populista llenando de actividades la agenda de cada venezolano con el objetivo de apoderarse del corazón de la población de menos recursos económicos y así tener apoyo mayoritario con técnicas discursivas para enamorar a la población de una utopía política desproporcionada.

¡Cayo la tarde!, ¡cayo la tarde!, ¡llegó la oscuridad!, El régimen Chavista se apodero de la empresa petrolera PDVSA (2002-2003) de tal forma que despidió la nómina más preparada en conocimientos para dirigir de forma equilibrada lo que era para ese momento una de las empresas más estable del mundo. Comienzan a gerenciar PDVSA de tal forma que hoy en día al año 2023 está empresa está completamente en quiebra y no es ni el 1% de lo que era antes del Chavismo. Comienza el país a depender de una renta petrolera como ningún otro gobierno anterior, el barril de petróleo por primera vez en la historia sobrepasa los 100$ y la chequera del gobierno aumenta considerablemente sumergiendo a la nación en una burbuja económica de un flujo monetario que parecía real , pero realmente era una ilusión económica porque mientras había dinero en la calle el valor moral de la población se desplomaba y paralelamente se estaba produciendo el mayor saqueo del tesoro nacional después del producido en la época de Cristóbal Colon, pues el gobierno modifica la ley del resguardo de las reservas internacionales del banco Central de Venezuela teniendo control sobre las mismas, lo demás ya es historia conocida.

¡Cayo la tarde!, ¡cayo la tarde!, ¡llegó la oscuridad!, durante el régimen Chavista a pesar de que el precio del barril de petróleo aumentaba progresivamente en Venezuela comenzaron a ocurrir fenómenos económicos productos de la mala gerencia financiera del país y de la corrupción, entre los años 1999 y el 2010 comienza a devaluarse considerablemente la moneda venezolana (el bolívar pierde valor con respecto al dólar) *"La tercera devaluación de Hugo Chávez (ARI)"* en el siguiente link https://www.realinstitutoelcano.org/analisis/la-tercera-devaluacion-de-hugo-chavez-ari/ . Durante estos años, la moneda nacional se devaluaba, los acuerdos con gobiernos de izquierda aumentaban, la regalía del tesoro nacional se incrementaba hacia países de gobiernos izquierdistas en materia militar y de inteligencia con el objetivo del control de las masas y perpetuarse en el poder, la población estaba completamente sumergida en un sueño profundo ignorando la realidad que se aproximaba en un futuro no muy lejano, miseria, migración masiva y una de las más altas del mundo incluso por encima de un país en guerra. Noche de sueño, pero proyectando una gran oscuridad para-Venezuela.

¡Cayo la tarde!, ¡cayo la tarde!, ¡llegó la oscuridad!, a partir del año 2010 la política populista del socialismo bolivariano del siglo XXI, se torna incierta, la enfermedad del presidente Chávez empeora y la información hacia la población es de forma misteriosa escondiendo la realidad y aumentando la tensión política, muchos del círculo gubernamental se volvieron millonarios de la noche a la mañana, también empezaron a salir del país los primeros migrantes que visualizaron el futuro que se veía venir y comenzando de esta forma los venezolanos a buscar nuevas alternativas de vida en otros países.

¡Cayo la tarde!, ¡cayo la tarde!, ¡llegó la oscuridad!, el 5 de marzo del año 2013 anuncian la muerte del presidente Chávez (fecha y lugar de la muerte del presidente Chávez que muchos ponen en duda, algún día se sabrá la verdad verdadera de este hecho histórico) lo cual genero un conflicto político, pero siempre teniendo el control el régimen que nunca dejo el poder. Un mes después exactamente el 14 de abril del año 2013 hay nuevamente elecciones presidenciales en Venezuela en medio de tensión y misterio político, donde comienza la ilegitimidad a usurpar el poder y mantenerse en el poder hasta la fecha presente del 2023, para estas elecciones Maduro no gano las presidenciales, pero un acuerdo político marco la historia a espaldas de la realidad social y con interés oscuros dieron por ganador a Maduro y no a Capriles Radonski y desde entonces todas las elecciones en Venezuela son fraudulentas porque no expresan la voluntad del pueblo y el Régimen ahora Madurista controla todos los poderes e incluso el poder electoral CNE, toda esta incertidumbre política ha generado: zozobra, miseria, hambre, pobreza, destrucción de todos los sistemas de producción nacional, destrucción del sistema educativo, destrucción del sistema de salud, destrucción de las empresas básicas, desmejoramiento de los servicios públicos, desvanecimiento de las familias venezolanas por desintegración de los hogares a consecuencia de la migración más grande en la historia de Sur- América.

¡Cayo la tarde!, ¡cayo la tarde!, ¡llegó la oscuridad!, durante el régimen de Maduro se da el éxodo venezolano más grande en la historia del país sudamericano en busca de mejores condiciones de vida, este éxodo es algo distinto a lo tradicional ya que prácticamente los venezolanos salen del país huyendo de una situación económica insostenible, huyendo de la delincuencia generada por la misma realidad política y falta de los procesos educativos en deterioro, es una acción de sobrevivencia la salida de los venezolanos de su país, esto trajo consigo consecuencias graves en el seno de muchas familias que se desintegraron. Ya que jóvenes y adolescentes, estudiantes de los primeros años universitarios empezaron a salir del país masivamente a luchar por sobrevivir pero muchos por falta de un plan concreto y sin saber a dónde ir (solos contra el mundo), desorientados en el tiempo terminaron perdiendo los valores de familia, cayendo en prostitución, alcoholismo, droga y hasta delincuencia, esta es una realidad que vivieron muchas familias venezolanas y siguen viviendo en la actualidad (La generación de jóvenes venezolanos que ha nacido a partir del año 1990 el régimen Chavista-Madurista les robo sus sueños y sus condiciones de convivencia social para la plenitud de su vida).

¡Cayo la tarde!, ¡cayo la tarde!, ¡llegó la oscuridad!, También se dio el éxodo masivo de profesionales en todas las áreas, profesionales que con su profesiones y conocimientos han sido de bendición a hermanos de otros países, ya gran parte de América y del mundo conocen y se han deleitado el paladar con las arepas venezolanas, hallacas, pabellón criollo entre otras costumbres, el trato amoroso de un venezolano, sin perder generalidad se puede afirmar que el plato navideño tradicional en Venezuela de hallacas y ensalada de gallina está presente fin de año en por lo menos una mesa de casi todos los países del mundo.

¡Cayo la tarde!, ¡cayo la tarde!, ¡llegó la oscuridad!, con alegría, tristeza, opiniones positivas, opiniones negativas, con dolor, con amor, con esperanza Venezuela es un pedacito de tierra que con sus costumbres y el carisma de su gente está presente en el corazón de América y del mundo entero.

Venezuela tiene el 10% de tierra neotropical productible del tipo A1 en Sudamérica, si se cultiva toda esa cantidad de terreno con menestra, solo una cosecha da para alimentar 240 millones de personas de manera continua los 365 días del año, pero al año 2023 por la migración masiva la población del país es menor a 27 millones de habitantes, con esto se quiere decir que solo con cultivar la tierra de Venezuela hay cosecha no solo para la población del país, sino que también genera movimiento y comercio con toda la región. Amigos y hermanos, planificación y educación son elementos ausentes en el país Sudamericano por la permanencia continua de una dictadura que se aferra al poder robando y saqueando los sueños de las próximas generaciones. Todos somos necesarios e importantes en un cambio positivo; los maestros con sus manos moldean el futuro de los niños, adolescentes y jóvenes, los carpinteros porque de la madera hacen maravillas, los campesinos porque producen alimentos nutritivos, los ingenieros porque tienen el ingenio en los diseños de cada área de sus conocimientos, los médicos porque tienen en sus manos la responsabilidad de salvaguardar la vida, los choferes poque tienen la responsabilidad de mover todo un país, los niños porque son el motor más puro e inocente del mundo y fuente de amor de toda una nación, los abuelos que son el ejemplo a seguir, todos los hombres y mujeres que hoy estamos aquí expresando nuestra voz de alguna u otra forma y dispuestos a dar lo mejor desde lo más profundo de nuestro corazón hacia la plenitud de la vida, rectifiquemos errores del pasado y vivamos el presente construyendo el futuro de las próximas generaciones. Dios siempre está con nosotros.

Para que en una nación exista un alto desarrollo productivo se requiere de la generación de ciencias propias en todo ámbito, tomando en consideración las potencialidades ecológicas y humanísticas de las regiones del país. Conocidas dichas potencialidades mediante la ciencia y tecnología se crean las herramientas necesarias para la producción de productos según las exigencias de la dinámica poblacional, por otro lado; como cada una de esas herramientas son dadas a la población mediante los sistemas de educación formal, cada participante de la nación estará preparado para la producción nacional según las potencialidades antes dicha.

En base a esto podemos decir que la columna vertebral de la producción nacional, es la educación de un país. Cualquier cosa que se planifique sin tomar en consideración la misma será completamente herrada ya que de no hacerlo estaremos ignorando las potencialidades del pueblo. A todo lo antes dicho le hemos denominado **Producción integral de la nación en todo ámbito** lo cual será la base para la defensa integral de la nación que es impulsada por el pueblo.

CIENCIAS CREADAS POR EL PUEBLO CIENTIFICO SEGÚN LAS POTENCIALIDADES ECO-HUMANAS DE SU ENTORNO

CIENCIAS Y ARTES MILITARES CREADAS POR EL PUEBLO MILITAR SEGÚN LAS POTENCIALIDADES ECO-HUMANAS DE SU ENTORNO

CONOCIMIENTOS CIENTIFICO-MILITARES EN MATERIA DE PRODUCCION EN TODO AMBITO. BASE FUNDAMENTAL PARA LA DEFENSA DE LA NACIÓN

SISTEMA EDUCATIVO EN TODAS SUS MODALIDADES Y NIVELES

PUEBLO

La educación es lo que queda
Una vez que se ha olvidado lo
Aprendido en el colegio.
Albert Einstein

De lo antes mencionado nos preguntamos entonces **¿qué es un científico actual según las ciencias imperantes?**

Ahora daremos respuesta a la interrogante de cómo son las características del individuo que practica dichas ciencias.

En su mayoría los científicos actuales quienes pertenecemos a universidades e institutos de ciencias y tecnología del mundo estamos completamente estandarizados (me incluyo), no por voluntad propia; si no por los designios del sistema social, pues así nos han formado. Él porque nos visualizamos de esta forma, proviene del hecho, de cómo es el escenario en que fuimos sumergidos para la generación de nuevos conocimientos (ciencia). Tal escenario está basado en dirigir nuestra atención a problemas propios del sistema social y más aún, este les da el conocimiento que se requiere para ello mediante las universidades. Así como fue descrito en el escenario estándar, de esta manera los hombres y mujeres de ciencias del mundo generamos nuevos conocimientos, pero en base a los designios del sistema social y no de su pueblo.

Un ejemplo concreto de cómo es esto es el síguete: un químico genera nuevos conocimientos, pero en laboratorios con instrumentos y compuestos dados para fines concretos; donde al generar algún producto automáticamente quedara en poder de las grandes corporaciones mundiales, mediante la acción del banco mundial de captación de investigaciones científicas. De dicho producto el pueblo no tendrá acceso alguno al menos que los empresarios lo posicionen en el mercado y el mismo tendrá un precio en moneda.

Por otro lado, dicho químico está sesgado de hacer ciencias fuera de un laboratorio puesto que el mismo fue formado para ello en las universidades, por tal razón su acción se limita a las cuatro paredes del laboratorio (escenario creado por el sistema de estandarización mundial). Muchos pudieran pensar que el químico llega a su casa y en la misma desarrollar una idea científica, pero para probar dicha idea el mismo tendrá que esperar volver el día siguiente al laboratorio para ejecutar o probar dicha idea, en pocas palabras dicho escenario siempre anda con él como una barrera para que no desarrolle ciencias desde el pueblo para su pueblo y no en condiciones dadas por el poder capital, ya que siempre existen barreras tanto físicas como limitaciones culturales que enmarcan un encadenamiento social que distrae la libertad del pensamiento individual y colectivo limitando el radio de acción de las potencialidades humanas.

El radio de acción del intelecto de cada científico es ilimitado, porque se han creado condiciones a lo largo de la historia para que sea limitado (voluntad del sistema mas no es la voluntad del científico), se desarrollan ciencias según designios de intereses desconocidos en la mayoría de las veces y no del propio científico o del pueblo quien no tiene acceso al conocimiento generado de esas investigaciones, con los recursos del territorio se generan ciencias que paradójicamente los pueblos no tienen la oportunidad de ser parte de esa generación de conocimientos, esto quiere decir; que las poblaciones del mundo están inmersas en un sistema involutivo que aparenta crecimiento y desarrollo científico, tecnológico e intelectual. Pero realmente se está en retroceso continuo, pues el cuerpo físico está en tiempo presente mientras el pensamiento vive recordando el pasado e imaginando el futuro con influencia externa por la información almacenada en nubes del internet mediante el uso de dispositivos electrónicos como medios de difusión, un ejemplo sencillo y visible a los ojos de todos es el hecho de que un niño dure muchas horas en un video juego sin medir las consecuencias negativas que se generan y destacando que el niño pierde sus propias ideas del pensamiento exteriorizándose en comportamientos inducidos por los mensajes subliminales presente en el juego y conduciendo a muchos niños a perder su propia identidad, otro ejemplo en el caso de los adultos que viven distraídos viendo noticias mediante cualquier dispositivo electrónico incluso sin darse cuenta sobre la verdad o falsedad de la gran mayoría de información que llega a los procesos mentales donde se induce a tomar decisiones muchas veces alejadas a la realidad, en fin vivimos gran parte de la vida sumergidos en un dispositivo electrónico desperdiciando los pequeños detalles de la vida y dejando un gran vacío en el espacio entre el nacer y morir (Una gran parte de los hombres de hoy, mueren en el mismo instante en que nacen). En este ejemplo se observa que gran parte de los humanos viven distraídos en dispositivos electrónicos que son el resultado de una ciencia y tecnología que hicieron posible estos dispositivos electrónicos, el uso inadecuado y de forma masiva de los productos con tecnología causan un gran daño a la población mundial, por esta razón se debe crear conciencia para el uso adecuado de la tecnología existente y no ser simple consumidores, si no más bien ser creadores e innovadores para que los niños de hoy en día utilicen correctamente la tecnología y sean generaciones futuras de gran valor humano.

Entonces **¿Que es un Científico Emocional?**

Un Científico Emocional es cualquier individuo titulado o no, que genera nuevos conocimientos desde las comunidades teniendo como laboratorio las mismas y como ingredientes esenciales para generar conocimientos; las potencialidades eco-humanísticas del lugar donde desarrollaran dichos saberes, en pocas palabras es un ser humano libre de crear ciencias en cualquier lugar puesto que goza de plena independencia de pensamiento y acción. Cualquier persona sin importar niveles académicos, raza, género o credo puede ser un científico Emocional.

Es imperioso la unión de todos los humanos y que cada uno desde su potencialidad se transforme en un científico emocional, para que de esta manera se defiendan los territorios de  manera integral en contra de cualquier amenaza interna o extra planetaria, y así construir el paraíso terrenal que todos deseamos con independencia plena y presencia de Cristo en cada uno de nuestros corazones y acciones.

Para algunos que piensan que una persona sin título alguno no puede hacer ciencias les presentamos las siguientes biografías referenciales en Venezuela.

La señora Alcira Vargas es una mujer de tez blanca, con evidentes rastros de sol, y una delicada sonrisa infantil, claro reflejo de un temple campesino que la ha convertido en una de las impulsoras de las Redes Socialistas de Innovación Productiva, en las zonas urbanas y periurbanas del estado Lara.

Alcira hace gala del ingenio y vigor de las mujeres nacidas en Venezuela. Es integrante de la Red de Innovación Productiva de Agricultura Periurbana Siembra Vida, en el sector Las Tinajitas; y creadora de un alimento artesanal, altamente nutritivo, para gallinas ponedoras y pollos de engorde.

Es la única hija de un hogar que incluye 15 varones. Le ha tocado innovar, desde todos los aspectos: "Venir de un hogar de tantos hombres y no tener formación académica, fue un verdadero desafío; trabajar la agricultura urbana en una ciudad, tampoco es nada fácil; convertirme en tecnóloga, siendo mujer, también, fue una innovación".

Quienes conocemos el estado Lara, reconocemos la verdad en las palabras de Alcira. Siendo una de las cunas del cielo campesino, Lara descansa en un gran yermo de tierra amarilla, que debe abonarse adecuadamente para poder abrigar otras plantas diferentes al cardón, al cují y al semeruco.

"Al principio, fue duro, ¡muy duro! (…) Comenzamos a trabajar la agricultura traspatio y cultivos organopónicos, con el apoyo técnico del Ministerio para Ciencia y Tecnología [hoy, Ministerio del Poder Popular para Ciencia, Tecnología e Innovación]. Adaptamos nuestros patios, y comenzamos a cultivar cilantro, apio españa, cebollín… Y decidimos conformar una Red Socialista de Innovación Productiva, en esta comunidad, ubicada en la periferia de Barquisimeto", cuenta.

Hace 8 años que se unió con otras familias y comenzó la historia de lo que ella denomina: "Alcira, una microempresaria social".

Con una voz recia y un tono de satisfacción, Alcira expresa: "Al principio, estábamos 18 productores; hoy, contamos con 68 patios productivos, y hacemos intercambio de saberes con 28 liceos bolivarianos y 22 escuelas. Los rubros son arrimados a la unidad de producción de nuestra red, y luego, hacemos trueque. Todos los viernes, hacemos una dinámica para compartir rubros".

"En cada patio, se involucran los productores, los niños, los abuelos. En total, son 865 personas que están participando de esta red. Tenemos plantas medicinales, ornamentales y exóticas; lumbricultura, abonos orgánicos", enfatiza la productora.

Conciencia para el desarrollo social

En su afán por producir, a sus 40 años de edad, Alcira Vargas se atrevió a elaborar un alimento para aves, a base de desechos de frutas y verduras, y cáscaras de huevos.

"Creé una fórmula que tiene 17.8 de proteína, y permite que los huevos salgan con cero colesterol. Les hago un secado solar; después, los muelo, homogenizo, y hago la fórmula para el alimento".

«Busqué todos los elementos químicos presentes en las frutas, hortalizas y en la materia prima natural local, necesarios para la nutrición de las gallinas y de los pollos. Con esa invención, les latí en la cueva a los grandes empresarios y les seguiré latiendo. De esta "locura" de Alcira Vargas, hay muchas réplicas. Estamos haciendo ciencia, con conciencia: estamos atendiendo la verdadera necesidad del pueblo».

El Ministerio del Poder Popular para Ciencia, Tecnología e Innovación (Mppcti) la reconoció como tecnóloga popular de Venezuela, y como merecedora del Premio a la Innovación del estado Lara 2012.

"Cuatro años después de haber creado la fórmula, yo hablé con los encargados de la Unidad Territorial del Mppcti y con personal del Fonacit sobre la necesidad de adquirir un molino, un deshidratador, una mezcladora a gran escala; y enseguida, recibimos el apoyo. Antes de obtener las máquinas, producíamos un saco de alimento por día; ahora, sacamos hasta 20 sacos, que sirven para alimentar cerca de 2 mil gallinas, durante 3 días... Las máquinas fueron elaboradas por otros tecnólogos populares venezolanos".

Despertar popular

Según esta trabajadora del campo, nativa de Guarico (un pueblo del municipio Morán, del estado Lara), hay un despertar de los productores agropecuarios en Venezuela; especialmente, de las mujeres. "De los 68 productores que estamos en la Red Siembra Vida, 57 somos mujeres".

Aferrada a su pasión por la tierra y por el trabajo social, Alcira arguye que, "para ser tecnólogos populares en Venezuela, sólo hay que tener ganas de hacer las cosas bien, y honestidad para manejar los recursos financieros".

«Para algunos, soy una tecnóloga popular; para ustedes,

siempre seré… Alcira Vargas. Mientras viva, viviré "embochinchado" a muchas mujeres para que se involucren en la práctica de la agricultura urbana. Mi horizonte es seguir sembrando la conciencia. Por mi esfuerzo, no sólo me reconocen como tecnóloga popular; sino, también, como bachiller integral, egresada de la Misión Ribas», concluyó. Fuente: http://www.rnv.gob.ve/index.php/qla-fuerza-de-un-tecnologo-popular-depende-de-su-calidad-y-honestidadq. (fuente ya discontinuada, esta es una historia que queda al olvido y un talento que se pierde en el tiempo así como muchos talentos que no han logrado surgir ni cumplir sus sueños a causa del efecto negativo de una dictadura).

Luis Zambrano (1901-1993) fue un inventor popular del estado **Mérida, Venezuela**. Estudió hasta 4.º grado de primaria. Tecnólogo e inventor popular autodidacta. Era un genio mecánico.

Su educación formal llegó al 4º grado de primaria pero pronto comenzó a desarrollar interés por la **mecánica**, cuando era un **niño aficionado a descubrir por sí mismo las relaciones de velocidad producidas al** accionar, por medio de chorros de agua, naranjas de diversos diámetros, a las que clavaba paletas alrededor a modo de **álabes** y hacía que giraran en una corriente de agua y, más adelante, ruedas y poleas de madera. Estos juguetes le planteaban cada vez nuevos retos y descubrimientos de principios de física en forma práctica.

Instalado en su taller de Valle Nuevo en la aldea Mariño de Bailadores, adquirió de manera empírica e intuitivamente suficientes conocimientos de electricidad y de mecánica que le permitieron desarrollar cerca de 50 inventos, algunos por encargo, como la máquina **peladora de fresas**, así como una **zaranda** para clasificar **ajo** y numerosas innovaciones a diversas máquinas, a pesar de la limitación que significaba haber perdido la mano derecha, cortada accidentalmente por una sierra en 1.977.

Desarrolló **turbinas** movidas por agua. Algunas de estas turbinas fueron usadas para generar **electricidad,** o para mover los instrumentos mecánicos de una **carpintería**, como el **torno** y la **cepilladora**. Su casa fue la primera de la zona en estar iluminada por luz eléctrica generada por una turbina hecha por él mismo, antes de que llegara la compañía eléctrica nacional **CADAFE**. Por tal razón, sus plantas generadoras de electricidad accionadas por caídas de agua fueron de gran utilidad a muchos pueblos y caseríos de la cordillera andina.

Para 1.933, cuando en Bailadores fue instalado el servicio eléctrico, ya Zambrano había construido 3 trapiches eléctricos para moler caña de azúcar. En 1.950, en la población de **Canaguá**, instaló una turbina movida por agua, la que proporcionó luz eléctrica a esta comunidad hasta 1.978. De igual manera se sirvieron de estas turbinas pueblos merideños como Mucuchachí, San José de Acequias, Río Negro y San Antonio de Estanques, entre otros.

A partir de 1.974, Zambrano se hace conocer en el país gracias al esfuerzo de Fruto Vivas y Raúl Esteves Laprea, quienes en 1.977 organizan la Fundación Luis Zambrano, destinada a difundir la riqueza creativa y la utilidad del trabajo desarrollado por este inventor. La Fundación se proponía estimular la tecnología popular, fundando una escuela y un taller en Bailadores con todo lo que Zambrano necesitaba, para crear y enseñar a los jóvenes de la zona y lograron la creación del premio Luis Zambrano a la inventiva tecnológica popular que cada año entrega el actual **Ministerio del Poder Popular para Ciencia y Tecnología** (MPPCT), antiguamente Consejo Nacional de Investigaciones Científicas y Tecnológicas (CONICIT)

En noviembre de 1984 la Universidad de Los Andes le otorgó el título de Doctor Honoris Causa «por su útil labor creativa», reconocimiento que por primera vez se le confiere a un hombre del campo. Fue declarado hijo ilustre de Bailadores y su nombre se le dio a una calle de ese pueblo merideño.

Zambrano desarrolló los principios básicos y la construcción de la turbina hidráulica y de la turbina a doble efecto; transformación de motores de gasolina a gas; propulsión de vehículos acuáticos; propulsión a chorro y funcionamiento de motores de explosión.

Hizo investigaciones en el desarrollo de un motor rotativo, su invento más trascendente, al que se dedicó desde 1.950 con pasión creativa, una turbina de reacción, a la que llamó "Turbozám" (por "turbina" y "Zambrano") o «motor criollo», como lo llamaron algunos. Mientras que un motor convencional tiene miles de piezas, el *Turbozám* solo tenía cerca de 20. Funcionaba con una sola bujía y una sola cámara en donde se realizaban los 4 tiempos. Su diseño sencillo no lleva bielas, pistones, árbol de levas, válvulas, carburador, ni cigüeñal. Se compone de piezas rotatorias sobre un eje de tracción que al girar produce compresión y expansión ayudada por la inercia de un volante; se fundamenta en un par de álabes o «bailadores» que hacen el papel de pistones o piezas centrales de motor, llamadas así en honor a su pueblo; estos álabes sustituyen la leva rotatoria de los motores convencionales y están accionados por un sistema de engranajes planetarios que forman la cámara de combustión entre ambas aspas. La factibilidad de este motor ha sido comprobada por algunos ingenieros de la Universidad de Los Andes interesados en el tema, pero no se ha llevado a la práctica. Podía girar a 5.000 **rpm**. No pudo terminar de desarrollarlo por falta de apoyo para la construcción de los álabes.

Algunas frases de Luis Zambrano:

* *"No espere saber pa' ponerse a hacer, póngase a hacer pa' poder saber"* (Aprender haciendo).
* *"No deje que se le cierre la noche al medio día"* (Cuando esté en un trabajo, no lo abandone a mitad de camino, termínelo).
* *"Lo imposible no existe, los imposibles lo hacemos nosotros".*
* *"Los locos le han abierto el camino a los sabios".*

Luis Zambrano (1901-1993) Esta también es una historia perdida en la línea del tiempo sumergida en la oscuridad de la desidia. En el mundo hay muchos talentos que se pierden sus aportes a la humanidad simplemente porque no tienen apoyo y no encuentran la forma de encender la chispa que los haga brillar en la oscuridad.

En este capitulo se han considerado como ejemplo dos personas de talento que se han perdido en el tiempo y la historia, y seguramente hay muchos ejemplos más a lo largo y ancho del globo terráqueo que por falta de posibilidades y oportunidades no han podido explotar al máximo sus potencialidades humanas. Así como también algunas personas de voluntad inquebrantable que han surgido en contra de cualquier obstáculo o circunstancia, por eso esfuérzate y lucha siempre hasta vencer, tu puedes lograr todo lo que te propongas, nada es imposible de alcanzar.

2 Timoteo 1:7. Porque no nos ha dado Dios espíritu de cobardía, sino de poder, de amor y de dominio propio.

Isaías 40:31. Pero los que esperan a Jehová tendrán nuevas fuerzas; levantarán alas como las águilas; correrán, y no se cansarán; caminarán, y no se fatigarán.

4 EFECTO ESPEJO

Cuando vivimos nos hacemos muchas o pocas preguntas algunas con respuestas sólidas y otras aún sin responder y en base a esas preguntas que nos hacemos de forma colectiva o individual le damos sentido a la vida y algunas de esas preguntas son:

1. ¿Cómo se originó la vida?
2. ¿Quién soy?
3. ¿Qué somos?
4. ¿Qué es la vida?
5. ¿Cuál es el significado de la vida?
6. ¿Qué hay después de la muerte?
7. ¿En cuantas dimensiones vivimos?
8. ¿Por qué estamos anclados a la tierra y que significa la gravedad?
9. ¿Cuál es nuestro propósito en la vida?
10. ¿Cuál es nuestra misión en la tierra?
11. ¿Cómo es realmente la tierra?
12. ¿Por qué no recordamos el total de todos los movimientos que realizamos a diario?
13. ¿Por qué el mapa estelar de la antigüedad es idénticamente el mismo mapa estelar de la actualidad?
14. ¿Si el planeta tierra es supuestamente esférico, entonces como se logra la curvatura del agua?
15. ¿Si todos somos distintos porque nos regimos por los mismos patrones de comportamiento?
16. Si todos los seres vivos provenimos de un mismo precursor común, entonces ¿porque existen tantas variedades de animales completamente distintos.?

17. Así como los peces no sobreviven fuera del agua, los humanos y cualquier forma de vida no podrían sobrevivir fuera de los limites de la tierra. Entonces ninguna forma de vida ha salido fuera de la tierra o es que ¿la luna no está afuera de la tierra.?

En busca de respuestas a preguntas como las anteriores y otras que no están formuladas en este libro, se han venido desarrollando a lo largo de nuestra existencia con respuestas desde lo espiritual hasta lo científico dando paso a grandes avances de la ciencia (si este libro llegó a sus manos, sería interesante que reflexione desde lo profundo de su corazón sobre las 17 preguntas aquí planteadas y se formule sus propias preguntas pensando en la plenitud de la vida y así encontrará el sentido a muchos eventos de su vida). En este capítulo nos centraremos en moldear la pregunta 15 o cualquier sinónimo o antónimo de la misma.

La vida es una chispa energética donde tu ser te visita, te instruye y se va, trato de decir con esto, que tu presencia física no es real, sino magnetizada de recuerdos e imagen del futuro que aún no ha llegado, son pocos los momentos en donde una persona coincide en cuerpo, mente, espíritu y alma. La persona es programada en el inconsciente quedando en piloto automático para las acciones visibles. Cuando un científico, algún filosofo, un historiador o algún intelectual cualquiera; estudia algún tema de su interés en su área del saber, simplemente analiza datos de eventos ocurridos en un tiempo pasado para así tratar de estimar algún evento futuro en base a patrones observados, por esta razón la escuela y la universidad son bancos de teorías existentes escritas y desarrolladas en un tiempo pasado para que el estudiante las asimile en su presente pasando inmediatamente a ser recuerdo de su experiencia de vida para su futuro inmediato como profesional o simplemente como un miembro activo en la sociedad con sus normas, costumbres y creencias, una vez leído este párrafo, en forma de monologo nos realizamos la siguiente pregunta. ¿En qué tiempo vivo, pasado, presente o futuro.?

Como reseña **Michio Kaku** en su libro **"El futuro de nuestra mente"**. Una teoría nueva sobre la conciencia y el futuro de los estudios de nuestra mente. Por primera vez en la historia, gracias a escáneres de alta tecnología diseñados por físicos, se han desvelado secretos del cerebro, y lo que un día fuera territorio de la ciencia ficción, se ha convertido en una asombrosa realidad. Grabación de recuerdos, telepatía, vídeos de nuestros sueños, control de la mente, avatares y telequinesia: todo esto no solo es posible, sino que ya existe. «El futuro de nuestra mente» es el relato riguroso y fascinante de las investigaciones que se llevan a cabo en los laboratorios más importantes del mundo, todas basadas en los últimos avances en neurociencia y física. Algún día podríamos llegar a tener una «pastilla inteligente» que incrementara nuestro conocimiento; podríamos cargar nuestro cerebro en un ordenador, neurona a neurona; mandar nuestros pensamientos y nuestras emociones de un lugar a otro del mundo a través de una «internet de la mente»; controlar ordenadores y robots con el pensamiento; y tal vez rebasar los límites de la inmortalidad.

Comparto todas las premisas de Michio Kaku en el excelente libro *El futuro de nuestra mente, aunque no estoy de acuerdo en algunas premisas de su obra literaria* y no comparto la idea del hecho de que tal vez podríamos rebasar los límites de la inmortalidad, ya que ningún humano puede alcanzar la inmortalidad por la simple razón de que Dios, es el único eterno que vive en todos los tiempos y se justifica en el libro más antiguo del mundo *"La Biblia", (¿por qué ya no existe ninguna de las civilizaciones antiguas?)* **Recordemos los siguientes versículos**: *Apocalipsis 1: 8. Yo soy el Alfa y la Omega, principio y fin, dice el Señor, el que es, el que era y el que ha de venir, el Todo Poderoso.* Dios en este versículo describe un tiempo finito para el hombre, estando Él presente en el principio y el fin, y como nada ni nadie está por encima de Dios, entonces ninguna forma de existencia es infinita porque siempre habrá un principio y un fin. *Salmo 147: 5.* *Grande es el Señor nuestro, y de mucho poder; y su entendimiento es infinito.* En este versículo describe un entendimiento infinito para el hombre de capacidad finita, es decir ningún hombre podrá alcanzar el entendimiento total de Dios. *1 Timoteo 6: 16. El único que tiene inmortalidad y habita en luz inaccesible; a quien ningún hombre ha visto ni puede ver. A Él sea la honra y el dominio eterno. Amén.* Es decir; Dios es el único que es infinito de dominio eterno.

Particularmente nuestro cerebro tiene función semejante a una maquina receptora y emisora de información donde se graban recuerdos, telepatía, se reproducen vídeos de nuestros sueños, y se destila el control de la mente, transformando el cuerpo en avatares; es decir, nuestro ser muchas veces no está en presencia física del interior de nuestro cuerpo, ya que somos programados por nosotros mismos desde cualquier lugar de la creación en pequeña fuente energética para hacer andar al vehículo de manifestación terrenal <nuestro cuerpo físico>, siendo pocos los momentos en que están unidos el cuerpo físico con el cuerpo no físico descrito como espíritu y alma, describiendo estados mentales supremos de lucidez. En este sentido la vida del hombre es la unión de tres cuerpos: el cuerpo natural que describe las características personales de cada persona, el cuerpo carnal que describe su aspecto físico y el cuerpo espiritual que describe su esencia y origen en Dios, de igual manera se define muerte del hombre como la separación de sus tres cuerpos. El cerebro es una maquina tan poderosa que guarda todos los recuerdos en el subconsciente, los procesa mediante cruces al estilo de un grafo completo considerando todas las probabilidades de todos los eventos posibles y crea los sueños en base a los patrones de comportamiento almacenados de todas las experiencias vividas y asociándolo a posibles experiencias que se vivirán en el tiempo futuro; es decir, el subconsciente auto programa al consciente y preconsciente. Por ejemplo: supongamos que un niño a los 9 meses de nacido aún no habla ni camina, pero sus sentidos auditivos escuchan hablar a los adultos que conforman su entorno familiar y sus sentidos visuales observan a los adultos de su entorno cuando caminan y en este orden de eventos su subconsciente esta almacenando información estando activa en todo momento su gran maquina (el cerebro) el cual realiza todos los cruces posibles para impulsar sensorialmente y psíquicamente al niño a decir sus primeras palabras y dar sus primeros pasos al nivel del consciente y preconsciente, conforme al siguiente diagrama.

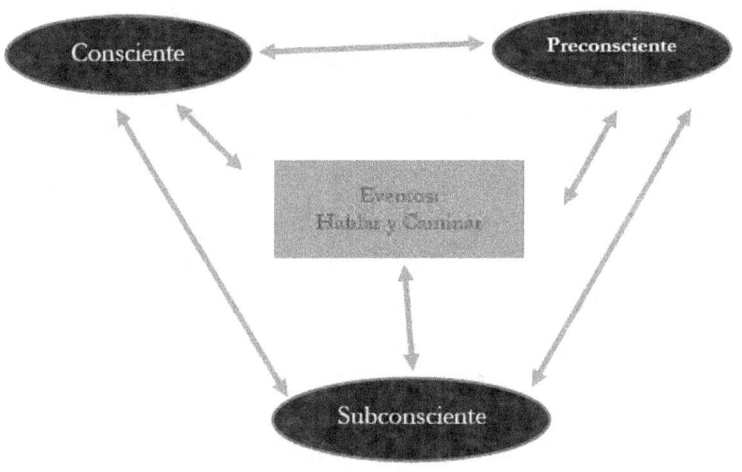

Ley espejo: *Toda afirmación exterior, es el reflejo del ser interior de quien la afirma.*

Un ejemplo típico de la ley espejo, es cuando una persona critica o habla de otra persona simplemente se describe así mismo; es decir, se está reflejando o proyectando a sí mismo en la otra persona.

Cuando una persona se alaba mucho a si mismo con su propio verbo, es porque sus acciones reflejan todo lo contrario.

Cuando una persona no pudo lograr una meta, por lo general siempre aconseja a otros en que no pueden lograr sus objetivos.

Una persona que ha obtenido grandes logros, siempre dará buenos consejos.

El que amor da, amor recibe. El que odio da, odio recibe. El que mucho habla sobre sus propios talentos, poco hace. Movimiento genera más movimiento. El que siembra, recibe de lo mismo que siembra.

Todas las personas en su manifestación exterior, son reflejo de un espejo en su yo interior.

El que siempre se compara a si mismo con otras personas, nunca estará conforme consigo mismo *(tiene sentimientos de inferioridad y envidia que implícitamente disminuyen su nivel de autoestima y lo alejan de la plenitud de su vida).*

Cuando una persona critica mucho a los demás, debe autoanalizarse dentro de sí mismo porque en la crítica hacia las otras personas esconde los rasgos de su propia personalidad.

Cuando alguna persona dice mucho que él es algo, es porque no lo es y cuando dice que él no es algo, es porque lo es.

No todo lo que pare ser, es lo que parece ser y no todo lo que es, es lo que pare ser que es.

Los seres humanos y toda forma de vida existente siguen una secuencia de patrones de comportamiento en la forma de actuar, interactuar y convivir con el medio que les rodea por la información guardada en la memoria del sistema universal. Toda forma de vida somos parte de un solo sistema universal y estamos conectados de alguna u otra forma y el medio ambiente que nos rodea guarda en su memoria patrones de comportamiento que son inducidos de alguna manera al subconsciente del individuo y la colectividad, es decir; un aroma, un color, un paisaje pueden transmitir una información al subconsciente del individuo canalizado mediante la información guardada por el individuo en su ADN, se pueden activar recuerdos vividos y no vividos, por eso el medio ambiente que nos rodea juega un papel importante en los comportamientos individuales y colectivos, por lo tanto un tratamiento psicológico para una persona con cierto diagnostico de mal comportamiento seria tratar de modificar la realidad de su entorno, esto es: cambiar el color de las paredes de su casa, modificarle sus comidas, cambiarlo de cuarto, cambiar sus rutinas diarias, modificar su zona de confort, construirle al paciente una realidad distinta a la que cotidianamente esta acostumbrado a vivir. Este tratamiento externo con total seguridad va a cambiar el patrón conductual de cualquier paciente psicológico conduciéndolo progresivamente a una mejoría notable.

Los humanos somos 100 por ciento adaptables al medio ambiente que nos rodea, por tal razón al modificar la realidad del medio que rodea a una persona, es posible cambiar su patrón conductual, ya que sus cambios se generan desde el subconsciente hasta el consciente exteriorizando su conducta en el entorno de convivencia.

La ley espejo es una ley de proyecciones continuas de lo individual a lo colectivo, de lo colectivo al sistema de vivencia y del sistema de vivencia al sistema universal del todo. Una persona copia patrones del colectivo, el colectivo copia patrones del sistema donde vive, el sistema de vivencia copia los patrones de la información guardada en la memoria del sistema universal del todo y el sistema universal del todo transmite la información guardada en su memoria a todos los subsistemas y por tal razón toda forma de vida son parte de un solo sistema universal. Por encima de la visión holística: la parte sin el todo no es la parte y el todo sin la parte no es el todo, ni la suma de las partes es mayor que el todo y ni el todo es mayor que la suma de las partes. *Todo lo existente está entrelazado cuánticamente en un solo sistema universal.*

La paz interior es un reflejo del efecto espejo desde el alma de una persona, pasando por su espíritu y manifestado hacia el mundo exterior de su entorno que lo rodea, la paz de una persona va más allá de una tranquilidad emocional. *La paz es, estar en armonía absoluta con Dios y con uno mismo*, esto significa; estar en obediencia a Dios, estar en integridad física y espiritual, estar en integridad de conciencia y pensamientos, es la manifestación absoluta de Cristo en nuestros corazones, la paz producida por Dios está por encima de cualquier entendimiento ya que Cristo es el príncipe de Paz, o simplemente la paz es la ausencia total de los conflictos internos de cualquier persona. ***Filipenses 4:7.*** *Y la paz de Dios, que sobrepasa todo entendimiento, guardará vuestros corazones y vuestros pensamientos en Cristo Jesús.* La palabra de Dios sembrada en el corazón de las personas produce las primeras semillas de paz y la obediencia a la palabra de Dios hace germinar la semilla de paz y aumentar la fe hasta producir una cosecha de paz total, siendo el *Espíritu Santo* obrando en la vida de las personas, es la victoria del hombre espiritual por encima del hombre carnal.

Presencia de Dios en el corazón es reflejo de paz, pero ausencia de Dios en el corazón es ausencia de paz.

La paz es uno de los frutos del Espíritu Santo, por eso vive en el conocimiento de Dios desde lo profundo de tu corazón hacia la plenitud de la vida.

Gálatas 5: 22-23. *Mas el fruto del Espíritu es amor, gozo, paz, paciencia, benignidad, bondad, fe, 23 mansedumbre, templanza; contra tales cosas no hay ley.*

La trilogía del éxito está determinada por: el carácter, la voluntad y la disciplina.

La voluntad es la capacidad humana para decidir lo que desea o tiene intención de cumplir, mientras que el carácter es la naturaleza propia del individuo que lo distingue de los demás determinada por un conjunto de rasgos, cualidades o circunstancias que determinan la forma de pensar o actuar; es decir un individuo con carácter cumple lo que determina su voluntad. Mientras que la disciplina es el conjunto de reglas o normas cuyo cumplimiento de manera constante conduce a ciertos resultados, es decir; con carácter y disciplina se cumplen los deseos determinados por la voluntad.

Con voluntad se adquiere el carácter y la disciplina necesaria para conducir a resultados sólidos.

Con carácter se adquiere disciplina para adquirir los resultados determinados por la voluntad.

Con disciplina se marca el carácter guiado por la voluntad para obtener resultados.

Un individuo que no tiene disciplina, es débil de carácter y ausente en voluntad, su palabra tiene poco valor porque en la mayoría de las veces no cumple lo que dice. Un individuo sin voluntad no traza objetivos solidos para su vida, no tiene el carácter necesario para asumir retos y es indisciplinado consigo mismo. Un individuo sin disciplina, carece del carácter que lo conduce a ser disciplinado y es ausente en voluntad. Por lo tanto, carácter, disciplina y voluntad son los tres elementos que determinan y caracterizan a una persona exitosa en cualquier área de la vida.

Con disciplina y sin carácter ni voluntad, una persona avanza uno o pocos pasos, peso si se cae no tiene el carácter para levantarse ni la voluntad para seguir adelante.

Con carácter y sin disciplina ni voluntad, una persona nunca avanza porque no sabe adonde ir ni cual es el rumbo a seguir.

Con voluntad y sin carácter ni disciplina, todos los deseos o intenciones de una persona son solo sueños que y nunca se cumplen.

Por las razones mencionadas y para ser exitoso en cualquier área, cada individuo debe trabajar en si mismo: el carácter, la voluntad y la disciplina.

Una persona con carácter, voluntad y disciplina, es un individuo que cumple con sus metas y objetivos, siempre obtiene resultados y es una persona con alto valor de su palabra porque lo que dice, lo cumple, por encima de cualquier obstáculo o adversidad en su vida. Por eso desde lo profundo del corazón deseo que seas exitoso para que avances siempre hacia la plenitud de la vida en la mayor felicidad posible.

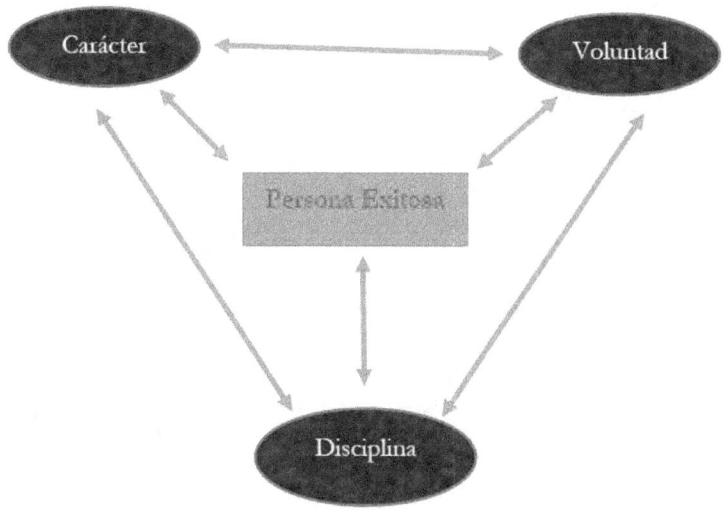

En el efecto espejo del mundo exterior, reflejas el carácter que tienes en tu mundo interior, tu fuerza de voluntad y lo disciplinado que eres desde tu mundo interior.

El carácter es el ultimo recurso que tiene un individuo para recuperarse, levantarse y andar, una vez a perdido todo.

Cuando actúes, piensa y cuando pienses, actúa. No actúes sin pensar y no pienses si no vas a actuar. Esta es la dicotomía que activa la trilogía del éxito.

Mateo 10:16. Mirad, yo os envío como ovejas en medio de lobos; por tanto, sed astutos como las serpientes e inocentes como las palomas.

1 Corintios 14:20. Hermanos, no seáis niños en la manera de pensar; más bien, sed niños en la malicia, pero en la manera de pensar sed maduros.

5 ECO-HUMANISMO CIENTIFICO

*Las ciencias imperantes sumergen al hombre
en una realidad social, modelada y ensayada
para que cada día se aleje de la plenitud de la vida*
Ramón Padilla

El poder capital mundial es un monopolio de control, para controlar a los pueblos del mundo, es guiado por unos pocos que tienen un gran poder de control mediante una ciencia desconocida ante la humanidad, y estos a su vez con otra ciencia no desconocida por muchos; crean escenarios para mantener al resto de la población mundial distraída, se valen de todos los medios establecidos para crear formas de vida que son totalmente dependientes. En este sentido, hasta el sistema educativo mundial forma a los individuos para ser peones del sistema social, echando a un lado sus propias potencialidades humanas y ecológicas del lugar donde estos se desarrollan, por lo tanto, todos los seres humanos tenemos pensamientos dependientes de la realidad social del pasado.

El poder capital mundial es un sistema que ha invadido a todos los pueblos del mundo, valiéndose de estrategias basadas en producción orientada al consumismo. Desde los primeros tiempos de la civilización actual se han venido creando escenarios desestabilizadores de la realidad social de los pueblos. El sistema social encierra a los humanos en un proceso económico reversible; es decir, las soluciones a las necesidades de cada comunidad en el mundo es dada por foráneos a la realidad social de dicha comunidad, en este sentido se resuelven problemas sin tomar en cuenta las potencialidades humanas y ecológicas de las regiones, resultando así que el protagonista principal de todas estas acciones es un ser invisible que se aloja dentro de las personas en forma de: egoísmo, egocentrismo, maldad y envidia.

Latino-América desde tiempos de la colonia ha estado desprovista de una educación que realmente se adecue a su dinámica poblacional, que sea tan viva como el pueblo mismo, por tal razón la mayoría de las ciencias practicadas en laboratorios y centros de educación están en desfase con las exigencias de las sociedades Americanas, debido a que estas ciencias fueron desarrolladas en un tiempo pasado en base a experiencias distinta a la realidad actual en América, fueron ciencias creadas sin tomar en cuenta los problemas que se presentan en el seno la población, contrario y paradójicamente estas ciencias son las encargadas de dar solución a problemas presentes en las empresas quedando la población completamente desamparada e inmersa en una realidad creada para dirigir su vida en piloto automático.

La ciencia debe ser creada en base a las exigencias y dinámica del pueblo, al mismo tiempo dicho conocimiento científico debe ser entregado a la sociedad para que este sea el guía en los procesos de producción para alcanzar una vida en plenitud, siempre tomando como base el potencial humanístico-ecológico de cada región.

El Eco-Humanismo Científico: es una forma de vivir y desarrollarse en paz y armonía con la naturaleza donde la ciencia que se desarrolle sea propia de   cada región según sus potencialidades Eco-humanas, para que esta sea la guía en los procesos de producción y buen vivir   al servicio de todos.

Las esferas que deben caracterizar la producción científica son:

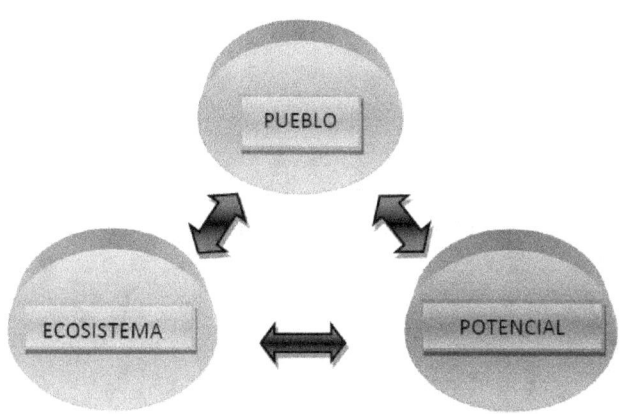

Un sistema de producción basado en una forma de vida como la que se describe en la definición del Eco-humanismo Científico es una ofensiva directa contra lo tradicional, debido a que el pueblo estaría organizado de tal forma que fuera libre e independiente y no estuviese bajo el control de ningún régimen gobernante. La ciencia hoy en día es básicamente en base a los procesos energéticos por los productos fósiles y se descarta la idea de un sistema en base a energías alternativas y menos contaminantes por la simple razón que es netamente por intereses económicos de las grandes trasnacionales que tienen el poder económico del mundo.

6 GUERRA DE ÚLTIMA GENERACIÓN

Hoy día vivimos bajo los ataques constantes que atentan contra nuestra estabilidad en todo ámbito, dichos ataques son producidos por factores a veces desconocidos. Los factores atacantes se valen de cualquier medio de propagación para transmitir su maldad, bien sea un medio físico conocido como arma o un medio físico no conocido como arma, donde las armas principales detrás de los dos medios físicos de propagación de la maldad es una ciencia en primer lugar y la tecnología en segundo lugar. Las armas conocidas físicamente como tal, causan pérdidas humanas y de urbanismos construidos por el hombre desde lo más mínimo hasta una destrucción masiva en gran escala; mientras que los medios físicos no conocidos como armas no matan al hombre físicamente pero si lo matan de conciencia, es decir; le roban al hombre su identidad conduciéndolo hasta el punto de perder su propia autoestima y convertirlo en un esclavo; este tipo de armas es capaz de matar en conciencia desde un individuo hasta todos los humanos.

Por lo dicho anteriormente existen dos tipos de invasiones: invasión física e invasión no física; la invasión física es aquella mediante la cual una nación arremete contra otra mediante el uso de la fuerza en armas causando grandes destrucciones y pérdidas humanas con el fin de apoderarse de algún recurso de interés para el momento y la invasión no física es aquella que se aprovecha de cualquier medio físico no conocido como arma para atacar directamente al cerebro del hombre e invadir la conciencia de los humanos y de esta forma aprovecharse tanto de los recursos de la naturaleza en el mundo como de la identidad propia del humano para guiarlo a su antojo. En este sentido la invasión no física es más lenta que la invasión física, pero es más letal; debido a que su alcance o su radio de acción es casi toda la humanidad, incluso va más allá de los humanos, pues tratan de manipular y controlar a toda forma de vida existente en la tierra, en este tipo de invasión no sólo se invaden conciencias y territorios, sino que también se expropian.

La guerra de última generación es aquel tipo de guerra sucia que comprende luchas armadas y no armadas, que se vale de cualquier medio de propagación para transmitir la maldad y realizar una invasión no física en el cerebro del hombre; además utiliza y manipula a toda forma de vida existente en el planeta con el fin de idear o sacar al mercado mundial un producto no conocido por casi todos los humanos del momento y con el objetivo único de tener el control absoluto sobre toda la humanidad.

Como ejemplo de invasión no física, se tiene la lluvia de información a través de los medios de comunicación y las redes sociales con el objetivo de invadir el cerebro del hombre e interferir en sus procesos cognitivos y del pensamiento hasta el punto que pierde su propia autoestima e identidad por imitar patrones ajenos a su personalidad y así de esta forma apropiarse de su conciencia para luego expropiársela.

Un lápiz y una hoja de papel no son conocidos como un arma, pero pueden ser utilizados como un arma ya que se puede escribir una información en la hoja de papel y generar un gran conflicto.

Los mensajes subliminales pueden inducir a tomar decisiones, y estos mensajes subliminales se trasmiten mediante colores, sonidos, músicas, noticias maquilladas, entre otras formas.

Lógicamente en esta guerra de última generación, el que la provoca, siempre logra sus objetivos, veamos algunos ejemplos:

Consideremos a la letra "V" como una verdad y a la letra "F" como una falsedad y la "ó" como una o inclusiva. Recordando que el valor lógico de una proposición formada por dos premisas es verdadero "V" si ambas premisas son verdaderas ó una de las premisas es verdadera, y falsa "F" si ambas premisas son falsas, en resumen, tenemos la siguiente tabla proposicional de la disyunción.

Tabla 1:

P: Premisa 1	Ó: Valor lógico de la proposición	Q: Premisa 2
V	V	V
V	V	F
F	V	V
F	F	F

Primer ejemplo, caso Venezuela:

P: Premisa 1. Lucha no armada (guerra económica),
Q: Premisa 2. Estar consciente de que hay guerra económica u otra.

Tabla 2:

P	Ó: Valor lógico de la proposición	Q
V	V	V
V	V	F
F	V	V
F	F	F

De la Tabla 2, tenemos lo siguiente:

1. Si hay guerra económica y el individuo está consciente de que existe dicha guerra como tal, entonces la proposición es verdadera y por tanto se logra el objetivo.

2. Si hay guerra económica y el individuo no sabe o no está consciente de la existencia de dicha guerra, entonces la proposición es verdadera y por lo tanto se logra el objetivo.

3. No hay guerra económica pero el individuo está consciente de que existe algún tipo de guerra u ataque, entonces la proposición es verdadera y por lo tanto en este caso también se logra el objetivo.

4. Si no existe guerra económica y el individuo sabe que no existe dicha guerra, entonces la proposición es falsa y por lo tanto no se logra el objetivo.

De este primer ejemplo podemos concluir que en los tres primeros casos es la forma de actuar de un individuo completamente guiado por los estándares del escenario que se vive en ese momento y por tanto quien tiene el poder siempre logra su objetivo. Esto es un ejemplo plenamente comprobable por la historia de Venezuela, el régimen que se mantiene en el poder en los primeros años del siglo XXI, siempre ha logrado su objetivo porque ha sumergiendo a la población venezolana en el escenario creado por su doctrina. Pero en el cuarto caso la proposición es falsa; es decir, un individuo completamente ajeno a los estándares, esto implica una rotura o cambio de paradigma en la nación. Para poder hacer frente al enemigo, aunque parezca paradójico, para derrotar al enemigo es necesario conocerlo y para conocerlo en un principio hay que formarse bajo los estándares mundiales de control, sólo así será posible salirse del paradigma y emerger desde las profundidades de las verdaderas conciencias del pueblo.

Los venezolanos en pleno siglo XXI, estamos a la puerta de un nuevo paradigma ya que el régimen imperante del momento está perdiendo el control de su propio escenario estandarizado en el que ha sumergió a la población, en la opción donde la premisa que resultó falsa *(Si no existe guerra económica y el individuo sabe que no existe dicha guerra, entonces la proposición es falsa y por lo tanto no se logra el objetivo)*. La aparente falsedad de esta premisa es la verdad de la nueva conciencia que se despierta en la nación venezolana y por lo tanto es la que rige el despertar de un nuevo paradigma y como todo es cíclico entonces el ciclo de vida del remen Chavista-Madurista está llegando al final de su ciclo y habrá la apertura de un nuevo ciclo en esta nación cambiando el rumbo de la historia.

Segundo ejemplo, caso guerra contra el Estado Islámico:

P: Premisa 1. Lucha armada (guerra en armas contra el Estado Islámico),
Q: Premisa 2. Estar consciente de los orígenes de la guerra.
R: Premisa 3. Conciencia mundial de las consecuencias de la guerra contra el Estado Islámico.

Tabla 3:

Proposición N°	Ó: Valor lógico de la proposición	P	Q	R
1	V	V	V	V
2	V	V	V	F
3	V	V	F	V
4	V	V	F	F
5	V	F	V	V
6	V	F	V	F
7	V	F	F	V
8	F	F	F	F

De la Tabla 3, tenemos lo siguiente:

1. Hay guerra contra el Estado Islámico, el pueblo está consciente de los orígenes de la guerra y existe una consciencia mundial sobre las consecuencias de la Guerra contra el estado Islámico, entonces la proposición es verdadera y por tanto se logra el objetivo del Imperio.

2. Hay guerra contra el Estado Islámico, el pueblo está consciente de los orígenes de la guerra y **no existe** una consciencia mundial sobre las consecuencias de la Guerra contra el estado Islámico, entonces la proposición es verdadera y por tanto se logra el objetivo del Imperio.

3. Hay guerra contra el Estado Islámico, el pueblo **no está** consciente de los orígenes de la guerra y existe una consciencia mundial sobre las consecuencias de la Guerra contra el estado Islámico, entonces la proposición es verdadera y por tanto se logra el objetivo del Imperio.

4. Hay guerra contra el Estado Islámico, el pueblo **no está** consciente de los orígenes de la guerra y **no existe** una consciencia mundial sobre las consecuencias de la Guerra contra el estado Islámico, entonces la proposición es verdadera y por tanto se logra el objetivo del Imperio.

5. **No hay** guerra contra el Estado Islámico, el pueblo está consciente de los orígenes de una guerra y **existe** una consciencia mundial sobre las consecuencias que pueden originar una Guerra contra el estado Islámico, entonces la proposición es verdadera y por tanto se logra el objetivo del Imperio.

6. **No hay** guerra contra el Estado Islámico, el pueblo **está** consciente de los orígenes de una posible guerra y **no existe** una consciencia mundial sobre las consecuencias de una Guerra contra el estado Islámico, entonces la proposición es verdadera y por tanto se logra el objetivo del Imperio.

7. **No hay** guerra contra el Estado Islámico, el pueblo **no está** consciente de los orígenes de una posible guerra y **existe** una consciencia mundial sobre las consecuencias de una posible Guerra contra el estado Islámico, entonces la proposición es verdadera y por tanto se logra el objetivo del Imperio.

8. **No hay** guerra contra el Estado Islámico, el pueblo **no está** consciente de los orígenes de una guerra y **no existe** una consciencia mundial sobre las consecuencias de una posible Guerra contra el estado Islámico, entonces la proposición es falsa y en consecuencia **no se logra** el objetivo del Imperio.

De este ejemplo podemos concluir que en los siete primeros

casos se corresponde la forma de actuar de un individuo completamente guiado por los estándares mundiales y por tanto el imperio siempre logra su objetivo, pero en el octavo caso la proposición es falsa; es decir, un individuo completamente ajeno a los estándares mundiales, y con total desconocimiento en conciencia y físicamente sobre la existencia de alguna guerra. Lo cual implica que existe un paradigma distinto al impuesto por el Imperio actual, y en este sentido el imperio no tendría razón de ser. Aunque parezca paradójico, para derrotar al enemigo es necesario conocerlo y para conocerlo en un principio hay que formarse bajo los estándares mundiales de control, sólo así será posible salirse del paradigma impuesto por el Imperio imperante del momento y emerger desde las profundidades de las verdaderas conciencias de los pueblos del mundo. Nosotros los humanos en pleno siglo XXI, estamos a la puerta de una gran amenaza mundial donde está en riesgo la vida de todas las especies, del hombre y los recursos naturales del planeta, bien sean renovables o no renovables. Así como en el ejemplo anterior se está a la apertura de un nuevo paradigma, solo que este nuevo paradigma tardara más en madurar en las conciencias de la humanidad ya que es de alcance mundial y vendrán otras guerras de gran impacto. La aparente falsedad de la premisa 8, es la verdad de la nueva conciencia que se despierta en las naciones del mundo y por lo tanto es la que rige el despertar de un nuevo paradigma y como todo es cíclico entonces el ciclo de vida del paradigma mundial activo actualmente tendrá un fin que marcará el rumbo de la nueva historia de las poblaciones del mundo, el detalle es que este nuevo paradigma a penas se está comenzando a crear en las conciencias individuales faltando aún muchos años para que sea una conciencia colectiva, vendrá una nueva arquitectura social a corto plazo entre el primer tercio y el segundo tercio del siglo XXI pero dentro de los mismos intereses de los conflictos actuales de carácter mundial.

A continuación, un breve resumen sobre la guerra contra el Estado Islámico:

La guerra contra el Estado Islámico se refiere al conflicto desatado el 5 de junio de 2014, cuando el Estado Islámico, junto con militantes suníes leales a la antigua dictadura baazista secular de Sadam Husein y tribus antigubernamentales, lanzaron una ofensiva contra los ejércitos de Irak y Siria. Las fuerzas del Estado Islámico, empezaron atacando Samarra ese mismo día y se apoderaron de Mosul la noche del 9 de junio, y de Tikrit el 11. A fines de ese mes, Irak había perdido el control de toda su frontera occidental con Jordania y Siria. El 29 de junio, el Estado Islámico declaró un califato que incluía a Siria e Irak. Abu Bakr al-Baghdadi, líder del grupo, fue declarado «*Califa y líder de todos los musulmanes*».

En agosto de ese año, una coalición internacional lanzó su propia ofensiva en la región, denominada Determinación Inherente por su líder, Estados Unidos, con el fin de sumarse al esfuerzo de los ejércitos sirio e iraquí para hacer frente a la insurgencia islámica.

A medida que las fuerzas de seguridad iraquíes se retiraban hacia el sur, las fuerzas del Gobierno Regional del Kurdistán llenaron el vacío y ocuparon parte de los territorios disputados entre Irak y Kurdistán, incluyendo el centro petrolero de Kirkuk. Los observadores internacionales interpretaron la movilización kurda como la última señal de la "creciente anarquía" en Irak.

El Primer ministro de Irak, Nuri al-Maliki, pidió un estado de emergencia nacional el 10 de junio, tras el ataque en Mosul. A pesar de la crisis de seguridad, el Consejo de Representantes de Irak no le permitió a Maliki declarar el estado de emergencia. Muchos parlamentarios suníes y kurdos boicotearon la sesión porque se oponían a un incremento de los poderes del primer ministro.

Siria decidió intervenir en la guerra con apoyo aéreo, y varios medios afirmaron que la Guardia Revolucionaria Iraní, al mando del general **Qasem Soleimani**, participa en el conflicto desde hace tiempo, cosa que el gobierno iraní había desmentido.

El **8 de agosto** de 2014, a petición urgente de Irak y con el argumento de **Barack Obama** de que *Estados Unidos no podía quedar indiferente al conflicto*, el país norteamericano decidió intervenir en la guerra que Irak estaba llevando a cabo contra el **Estado Islámico**, con el pretexto de defender las minorías cristianas y yazidíes que estaban siendo masacradas por los yihadistas, además de resguardar a las instalaciones y militares estadounidenses situadas en dicho país. Por ello, Estados Unidos ha decidido bombardear posiciones de los terroristas, limitándose a realizar sólo ataques aéreos. Más tarde, Obama expresó su deseo de crear una coalición internacional con el objeto de acabar con los yihadistas, que está apoyada y conformada por treinta países y respaldada por las **Naciones Unidas**.

El 14 de diciembre de ese año, **Nahla Al-Hababi**, la representante de la provincia de **Nínive** en el Parlamento iraquí, informó que **Estados Unidos** había entregado intencionalmente armas al Estado Islámico. Por otra parte, son varios los analistas políticos que creen que Estados Unidos creó al Estado Islámico con el fin de acabar con el gobierno del presidente sirio **Bashar Al Assad**.

Fuente:
(http://es.wikipedia.org/wiki/Guerra_contra_el_Estado_Isl%C3%A1mico).

7 NÚMEROS-LO INFINITO CONTENIDO ENTRE LOS LIMITES DE LA FINITUD

Sólo somos pasajeros de un autobús llamado vida, donde subimos en una parada llamada nacimiento o simplemente principio y nos bajamos en otra parada llamada muerte o simplemente fin. Las leyes de la vida fueron dadas al hombre por Dios desde siempre y presentes en todos los tiempos, lo contradictorio es que el hombre en su gran mayoría desconoce su propia ley visible a sus ojos debido a la ceguera guiada por sus propios egoísmos internos y al principio de toda ciencia cuando un error es aceptado, se propaga por toda la historia. Existe una única verdad absoluta y es la palabra de Dios, pero al tener muchas interpretaciones deja de ser absoluta y se convierte en relativa sin dejar de ser verdad, es aquí cuando un hecho finito pasa a ser infinito y no por ser infinito sino más bien por la indecisión e inseguridad de quien lo afirma. **Recordando los siguientes versículos bíblicos:** *Apocalipsis 1: 8. Yo soy el Alfa y la Omega, principio y fin, dice el Señor, el que es, el que era y el que ha de venir, el Todo Poderoso.* Dios en este versículo describe un tiempo finito para el hombre, estando Él presente en el principio y el fin, y como nada ni nadie está por encima de Dios, entonces ninguna forma de existencia es infinita porque siempre habrá un principio y un fin. *Salmo 147: 5. Grande es el Señor nuestro, y de mucho poder; y su entendimiento es infinito.* En este versículo describe un entendimiento infinito para el hombre de capacidad finita, es decir ningún hombre podrá alcanzar el entendimiento total de Dios. *1 Timoteo 6: 16. El único que tiene inmortalidad y habita en luz inaccesible; a quien ningún hombre ha visto ni puede ver. A Él sea la honra y el dominio eterno. Amén.* Es decir; Dios es el único que es infinito de dominio eterno.

Los números siguen un patrón hermoso que describen la estadía de cada pasajero en el autobús llamado "vida" y como todo es finito, entonces los números para uso de la humanidad son finitos y me atrevo a afirmar con toda propiedad **que sólo existen nueve números que contienen el infinito afirmado por el hombre en una cantidad finita**, es decir, que cualquier número por muy grande que sea no es infinito ni aleatorio y está descrito por un orbital combinatorio de un número primario que lo genera. *(Los números son infinitos para el hombre que no comprende su finitud).*

Todas las teorías fueron establecidas en base a la perspectiva de una observación, considerando la intuición muchas veces engañando a los sentidos.

Comienzo está historia sabiendo que contradice el pensamiento común de casi todos los matemáticos del mundo y sin que terminen de leer esta página ya muchos habrán afirmado que estoy loco.

Los números primarios 1, 2, 3, 4, 5, 6, 7, 8, 9 contienen y generan al conjunto de los números naturales.

Los números son finitos, sólo que las cantidades inmensamente grandes dependen de la capacidad multiciclica del sistema a objeto de estudio y de la imaginación del que realiza dicho estudio.

Los números son mágicos y simbolizan todo lo existente, además cada número tiene un significado de acuerdo al orden de la creación:

1. Principio (Alfa).

2. Separación de la atmosfera de la tierra y separación de las aguas en dos partes.

3. Tierra seca, océano y vegetación.

4. Sol, luna y estrellas.

5. Criaturas acuáticas de toda especie y aves.

6. Animales terrestres, hombre y mujer.

7. Reposo, reunificación del todo.

8. Antesala.

9. Fin (Omega).

Los números no son aleatorios y cada número tiene una posición única dentro del sistema numérico.

Los números primarios o primogénitos serán distribuidos en el siguiente arreglo inicial como sigue:

1	2	3	4	5	6	7	8	9

Donde cada celda representa el orbital del número.

Esta representación es un ciclo, que empieza en 1 y termina en 9.

El resto de los números son combinaciones y permutaciones de los números primarios.

El número "0" no existe en el ciclo inicial porque él es, la intersección del 1 con el 9 para dar origen a otro ciclo orbital con presencia hereditaria de los números primarios.

➤ Los números son cíclicos y también periódicos.
➤ Todo es cíclico y sigue un patrón determinado.

Ramón Padilla: Ver Corto video "En la vida todo es cíclico"

"Números - lo infinito contenido entre los límites de la finitud"

Todo lo existente es cíclico y sigue un patrón especifico; hasta el tiempo medible es cíclico y por esa misma razón es posible medir los días, noches y años. Estimado lector imagínese por un instante que la medición de las horas, minutos y segundos fuera numéricamente continua desde la hora "0" en adelante; es decir, todos los días a las 12:00 del mediodía fuera representado por un número distinto y cada vez números mayores al día anterior y no fuese posible establecer un patrón para relacionar los días, horas minutos y segundos y tampoco fuera posible construir un reloj de agujas porque la cantidad de cifras de un número no entrarían en el área disponible para dicho reloj. Por esta razón es inmensamente genial el patrón cíclico de 24 horas o de 12 horas con 60 minutos por cada hora y 60 segundos por cada minuto, lo cual implica un gran aporte a la humanidad ya que permite entendernos en cualquier idioma y planificarnos en el tiempo medible.

Ahora imaginemos que podemos establecer un patrón cíclico mediante 9 números a muchos aspectos de la vida y la existencia, entonces podremos representar cualquier evento con un patrón especifico y así obtener muchos avances en la ciencia encontrando respuestas a muchas interrogantes e incluso en la teoría genética, patrones del comportamiento humano entre otras. **"Números-el infinito contenido entre los límites de la finitud".**

Afirmaciones que retan al pensamiento común:

- La no existencia de algo es la existencia del todo.

- Los números no representan al infinito imaginado por el hombre, simplemente porque ese infinito no es medible con números.

- Los números no son infinitos, son una herramienta dada por Dios al hombre para medir todo lo que es temporal.

- Lo infinito es atemporal y no puede ser medido por los números que conocemos, sólo Dios que habita en la eternidad puede medir la infinitud.

- Todo comienza a partir de la no existencia o una existencia primitiva que antecede a la nueva forma de existencia.

- Jesús de Nazaret (Cristo Redentor) es Alfa y Omega, principio y fin. Por lo tanto, todo es finito y tiene un periodo de existencia establecido. Todo tienen un comienzo y un fin.

- Sólo Dios es infinito y además el hombre no puede medir la eternidad de Dios con números, pues Dios creo el tiempo y toda la existencia habitando en lo temporal y atemporal a la vez.

- Si el espacio tiempo fuese infinito, entonces la proyección de la luz tuviera una trayectoria recta, es decir; la curvatura de la luz en el espacio tiempo fuera nula.

Los números son el descubrimiento más maravilloso de la humanidad, un día se descubrieron, y comenzó el conteo y el crecimiento de la ciencia, no hay ciencia que no sea medible ni verificable numéricamente, además los números son la existencia más inexistente que explica lo existente; es decir, los números son un ente abstracto que viven solo en el pensamiento pero que pueden representar cualquier cosa desde una ilusión hasta algo real del mundo que nos rodea, le da forma y explicación a la naturaleza, por eso, simplemente con comprender el comportamiento de los números es posible entender el lenguaje sobre el cual esta descrita la naturaleza. Los números miden el nacimiento, el transcurrir del tiempo medible, las finanzas, los niveles de sustancias orgánicas e inorgánicas de los seres vivos, las temperaturas ambientales y corporales de cualquier organismo vivo, miden cantidades dimensionales y proporcionales que permiten el ordenamiento y equilibrio urbanístico en la organización de los pueblos en cualquier parte del mundo, describen patrones en la naturaleza y patrones del comportamiento humano, y se puede afirmar sin perder generalidad que los números están presentes en todo.

Para el estudio de los números, se establece la matemática como ciencia básica y una de sus ramas es la aritmética que estudia a los números y las operaciones que se hacen con ellos. Los números son la Genesis de la matemática, es decir; los números primero existen en el pensamiento y luego se materializan en todo lo existente ya que la matemática nace en el momento que nacen los números, primero viven en el pensamiento y luego se materializan, por eso la aritmética es la rama principal entre todas las ramas de la matemática.

Un solo número puede representar muchas cosas como, por ejemplo, el número 5:

a) 5 manzanas.
b) 5 días.
c) 5 años.

d) 5 kilos.

e) 5 semanas.

f) 5 litros de agua.

g) 5 hijos.

h) 5 meses.

i) 5 carros.

j) 5 metros de longitud.

k) 5 kilómetros de longitud.

l) 5 puntos.

m) 5 perros.

n) 5 gatos.

o) 5 hermanos.

p) 5 dólares.

q) 5 mesas.

r) 5 cosas cualesquiera que usted se imagine.

En otras palabras, un número es un ente imaginario que se puede utilizar para representar cualquier ente real del mundo que nos rodea. Si vivimos, ocupamos un lugar en el tiempo que podemos modelar y reafirmar numéricamente. Si podemos medir, podemos comparar y si podemos comparar podemos tomar decisiones y si podemos tomar decisiones entonces aumentemos positivamente los números en vuestras vidas; si eres estudiante aumenta tus calificaciones académicas, aumenta tus metas, aumenta tus finanzas positivamente, aumenta tu amor, aumenta tus logros, aumenta tus buenos hábitos, aumenta los esfuerzos por alcanzar tus sueños, aumenta tu fe, aumenta y crece exponencialmente todo lo positivo en cada sector de tu maravillosa vida en este plano terrenal. Crece numéricamente desde lo profundo de tu corazón hacia la plenitud de la vida viviendo la magia de los números *(Vida y Conocimiento)*.

Un ejemplo maravilloso de la magia de los números son las conjeturas matemáticas, las conjeturas relacionadas con números son afirmaciones de enunciados sencillos pero elegantes que desafían el pensamiento de los matemáticos de las mentes más brillantes del mundo, así como también desafían el poderío de las herramientas de la matemática moderna de todos los tiempos. Dos ejemplos de estas conjeturas son el ultimo teorema de Fermat cuyo enunciado es el siguiente: *Si n es un número entero mayor o igual que 3, entonces no existen números enteros positivos x, y, z, tales que se cumpla la igualdad*

$$x^n + y^n = z^n$$

Este teorema fue enunciado por Pierre de Fermat en el año 1637 y desde ese momento ha desafiado la mente de los matemáticos más brillantes por más de 3 siglos y medio, recientemente en el año 1995 fue demostrada afirmativamente por el matemático británico Andrew John Wiles apoyándose en la conjetura de Taniyama-Shimura donde se establece que cada curva elíptica puede asociarse unívocamente con un objeto matemático denominado forma modular, generando esta demostración 358 años después de su enunciado grandes aportes a la ciencia y a la humanidad.

105 años después del enunciado del último teorema de Fermat, específicamente el 7 de Junio de 1742 Christian Goldbach igualmente enuncia una afirmación en una carta enviada al gran matemático Euler que se convierte en conjetura por no existir una demostración que reafirme la veracidad o falsedad de la afirmación dada por Goldbach cuyo enunciado es el siguiente: *Todo número par mayor que 2 puede escribirse como la suma de dos números primos y todo número impar mayor que 5 puede escribirse como la suma de tres números primos.* Desde su enunciado esta conjetura de Goldbach, dividida en fuerte y débil respectivamente, ha competido con el ultimo Teorema de Fermat en belleza, simpleza y elegancia de su enunciado; pero han significado un gran reto para las mentes brillantes del mundo. En el año 2013 el matemático peruano Harald Helfgott en sus trabajos publicados dice haber demostrado la *conjetura débil de Goldbach (Todo número impar mayor que 5 puede escribirse como la suma de tres números primos)*, este resultado fue dado 271 años después y curiosamente el número 271 es un número primo, más aún; es el

segundo número primo gemelo después del número 269, demostración que aún sigue en revisión por otros expertos y sigue pendiente por demostrar hasta la fecha la conjetura fuerte de Goldbach. Mi intuición como matemático y estudioso del comportamiento de los números me llevan a deducir que la conjetura fuerte de Goldbach será demostrada en este año 2023 de una forma elegante, sencilla y profunda en aplicaciones, marcando una nueva visión sobre las leyes que rigen el comportamiento de los números, ya que este 2023 se cumplen 281 años desde que se enuncio tan hermosa conjetura y lo trascendental es que el número 281 es un número primo gemelo, siendo 283 su segundo primo gemelo.

Un teorema de enunciado sencillo y elegante como el de Goldbach merece una demostración hermosa, sencilla de comprender y de gran profundidad matemática. (Ramón Padilla).

Proverbios 2: 6. *Porque Jehová da la sabiduría, Y de su boca viene el conocimiento y la inteligencia.*

Por cierto, en esa misma carta de Goldbach enviada a Euler, escribe lo siguiente…

"No creo que sea totalmente inútil plantear aquellas proposiciones que son muy probables, aunque falte una verdadera demostración, pues aun cuando se descubra que son incorrectas, pueden conducir al descubrimiento de una nueva verdad."

A continuación, la imagen de la carta de Goldbach enviada a Euler:

$$4 = \begin{cases} 1+1+1+1 \\ 1+1+2 \\ 1+3 \end{cases} \quad 5 = \begin{cases} 2+3 \\ 1+1+3 \\ 1+1+1+2 \\ 1+1+1+1+1 \end{cases} \quad 6 = \begin{cases} 1+5 \\ 1+2+3 \\ 1+1+1+3 \\ 1+1+1+1+2 \\ 1+1+1+1+1+1 \end{cases}$$

Carta de Goldbach a Euler

8 LA ORACIÓN, LLAVE MAESTRA PARA ABRIR LAS PUERTAS DESDE EL CORAZÓN HACIA LOS LÍMITES DE LA INFINITUD

Dos o más personas cuando conversan simplemente intercambian palabras o ideas entre ellos, la conversación es el medio de comunicación directa entre dos o más personas en tiempo presente pero lo más curioso en una conversación es que la mayoría de las ocasiones hablan sobre situaciones del pasado o sobre el futuro despreciando el tiempo presente. La oración va más allá de lo imaginable, ya que es en tiempo presente la conversación directa con Dios Él Creador de todas las cosas donde el hombre o mujer manifiestan desde lo más profundo de su corazón un sentimiento superior esperando una respuesta de Dios (Si hay fe, Dios siempre responde), la oración puede ser: individual, colectiva o congregacional y se presenta en forma silenciosa si se realiza directamente en el pensamiento o en algún tono de voz alta o suave en tu propio idioma o en alguna lengua desconocida. La oración es el nivel de conversación más alto que existe porque es la comunicación directa con Dios desde lo profundo del corazón de quienes oran en plano terrenal estando entrelazados con el plano espiritual. La oración más poderosa que nace desde el corazón es la que vine de un quebrantamiento ante Dios originando un clamor intenso con pasión y dolor sintiendo el sufrimiento que origina el ruego a Dios en clamor.

En una oración siempre tienen que estar presente los siguientes elementos:

1. Agradecer a Dios por todo (*1 Tesalonicenses 5:18. Dad gracias en todo, porque esta es la voluntad de Dios para con vosotros en Cristo Jesús.*).

2. Pedir perdón a Dios por los pecados cometidos y arrepentirse de los mismos (**Santiago 5: 15.** *Y la oración de fe restaurará al enfermo, y el Señor lo levantará, y si ha cometido pecados le serán perdonados*).

3. Perdonar a otros (**Marcos 11: 25.** *Y cuando estéis orando, perdonad si tenéis algo contra alguien, para que también vuestro Padre que está en los cielos os perdone vuestras transgresiones*).

4. Adoración a Dios mediante alabanzas o acciones semejantes *(1 Tesalonicenses 5: 16-17. Estad siempre gozosos. Orad sin cesar)*.

5. Reconocer la grandeza de Dios por encima de todo *(Mateo 6: 9-10. Vosotros, pues, oraréis así: Padre nuestro que estás en los cielos, santificado sea tu nombre. Venga tu reino. Hágase tu voluntad, como en el cielo, así también en la tierra)*.

6. Dirigirse siempre a Dios Padre en el nombre de Jesús Cristo *(Juan 14:6. Jesús le dijo, Yo soy el camino, y la verdad y la vida; nadie viene al Padre, si no por mi)*.

7. Realizar las peticiones a Dios en el nombre de Jesús Cristo *(Juan 14: 13-14. Y todo lo que pidiereis al Padre en mi nombre, lo haré, para que el Padre sea glorificado en el Hijo. 14 Si algo pidiereis en mi nombre, yo lo haré.)*.

8. Orar con fe (**Santiago 1:6.** *Pero pida con fe, no dudando nada; porque el que duda es semejante a la onda del mar, que es arrastrada por el viento y echada de una parte a otra*).

9. Tener paciencia (**Filipenses 4: 6-7.** *Por nada estéis afanosos, sino sean conocidas vuestras peticiones delante de Dios en toda oración y ruego, con acción de gracias. Y la paz de Dios, que sobrepasa todo entendimiento, guardará vuestros corazones y vuestros pensamientos en Cristo Jesús*).

10. La oración debe nacer desde el corazón y ser autentica (**Mateo 6: 7.** *Y orando, no uséis vanas repeticiones, como los gentiles, que piensan que por su palabrería serán oídos*).

11. La oración, llave maestra para abrir las puertas desde el corazón hacia los límites de la infinitud (**Jeremías 33: 3.** *Clama a mí, y yo te responderé, y te enseñaré cosas grandes y ocultas que tú no conoces*).

Preguntas frecuentes:

1. ¿A qué hora se debe orar?
   R.- A cualquier hora del día cuando usted tenga el mejor tiempo sin distracciones para dedicarlo plenamente a Dios, por lo general este mejor tiempo son en horas de la madrugada (a partir de las 3 am cuando usted disponga levantarse para comenzar sus actividades diarias) y orar debe ser lo primero que se haga al levantarse para agradecer a Dios por su amanecer y encomendar todas sus acciones planes y proyectos del día.

Jesús se levantaba a orar muy de madrugada cuando aún era oscuro (**Marcos 1: 35.** *Levantándose muy de mañana, siendo aún muy oscuro, salió y se fue a un lugar desierto, y allí oraba*).

El Rey David oraba por las madrugadas *(Salmo 63: 1. Dios, Dios mío eres tú; De madrugada te buscaré; Mi alma tiene sed de ti, mi carne te anhela, En tierra seca y árida donde no hay aguas).*

2. ¿En qué lugar se debe orar?
    R.- En cualquier lugar siempre y cuando sea solo usted con Dios *(**Mateo 6: 6.** Mas tú, cuando ores, entra en tu aposento, y cerrada la puerta, ora a tu Padre que está en secreto; y tu Padre que ve en lo secreto te recompensará en público).*

3. ¿Cómo se debe orar?
R.- Se debe orar teniendo presente los 11 elementos descritos anteriormente, así como la oración realizada por Jesús enseñando a sus discípulos.

Mateo 6: 5- 15. *5 Y cuando ores, no seas como los hipócritas; porque ellos aman el orar en pie en las sinagogas y en las esquinas de las calles, para ser vistos de los hombres; de cierto os digo que ya tienen su recompensa. 6 Mas tú, cuando ores, entra en tu aposento, y cerrada la puerta, ora a tu Padre que está en secreto; y tu Padre que ve en lo secreto te recompensará en público. 7 Y orando, no uséis vanas repeticiones, como los gentiles, que piensan que por su palabrería serán oídos. 8 No os hagáis, pues, semejantes a ellos; porque vuestro Padre sabe de qué cosas tenéis necesidad, antes que vosotros le pidáis. 9 Vosotros, pues, oraréis así: Padre nuestro que estás en los cielos, santificado sea tu nombre. 10 Venga tu reino. Hágase tu voluntad, como en el cielo, así también en la tierra. 11 El pan nuestro de cada día, dánoslo hoy. 12 Y perdónanos nuestras deudas, como también nosotros perdonamos a nuestros deudores. 13 Y no nos metas en tentación, más líbranos del mal; porque tuyo es el reino, y el poder, y la gloria, por todos los siglos. Amén. 14 Porque si perdonáis a los hombres sus ofensas, os perdonará también a vosotros vuestro Padre celestial; 15 más si no perdonáis a los hombres sus ofensas, tampoco vuestro Padre os perdonará vuestras ofensas.*

Amado amigo, hermano que tienes la oportunidad de leer estas líneas, realiza la siguiente oración y asume con fe que eres tú mismo el que está orando (hazla desde tu corazón, es tu oración).

Tu oración

Gracias Dios Padre Eterno, en el nombre de Jesús Cristo te gradezco por permitirme leer estas líneas, te doy gracias por mi familia, por mi trabajo, por mis finanzas, por mi vida, por mi salud, por las experiencias vividas y las que me faltan vivir. Te pido perdón por mis ofensas y pecados cometidos hasta hoy, así como también yo perdono a todos aquellos que intentaron hacerme daño de alguna manera, a todos los perdono. Lléname de tu presencia y sabiduría Espíritu Santo, serena y equilibra mis pensamientos. Tu eres grande Padre Eterno, Digno de honra y gloria, alabado sea tu Santo Nombre. Señor Jesús te agradezco por este tiempo de gracias, te pido por mis necesidades y también por todas las personas que sufren en el mundo y tienen muchas necesidades por ellas te pido, Jehová de los ejércitos en el nombre de Jesús te pido que abras todas las puertas desde mi corazón hacia los límites de la infinitud, que toda mi familia y entorno alcancen la plenitud de la vida. Gracias, gracias, gracias Dios eterno. Amén, Amén...

Vienen cambios positivos a tu vida. Esfuérzate y se valiente, lucha siempre hasta conquistar tus metas y objetivos. Dios te bendiga estimado lector...

Para que la oración sea efectiva es necesario estar alineados en cuerpo, mente, alma y espíritu. Todo tu ser tiene que estar en tiempo y espacio dispuesto y entregado a Dios, tiene que estar entrelazado: lo terrenal con lo espiritual, lo imaginable con lo inimaginable, lo finito con lo infinito, tu espirtu debe estar bajo la influencia del Espiritu Santo, lo natural con lo sobre natural y así tendrás la certeza plena que tu oración es la llave maestra que abre todas las puertas desde lo profundo de tu corazón hacia los límites de la infinitud y cosas sobre naturales ocurrirán en tu vida. La oración produce cambios porque la oración es poder de Dios.

Cuando disponga su tiempo a la oración debe olvidarse del teléfono, de las redes sociales, de las amistades, de su entorno familiar, del trabajo y de cualquier distracción para que en ese tiempo sean sólo usted y Dios, logrando de esta forma que su cuerpo físico y la mente se fusionen con su alma y espíritu con Dios a través del Espíritu Santo.

Josué y el poder de la oración

Después de la muerte de Moisés, Josué fue un hombre con muchas dudas y miedos internos teniendo muchas inseguridades sobre la misión encomendada de conquistar la tierra prometida por Dios a su siervo Moisés para el pueblo de Israel, Josué no se sentía capaz de conducir a su pueblo y oro a Dios y Dios le respondió en su voz, levántate y pasa este Jordán, tú y todo este pueblo, aquí Dios le habla a un Josué caído de ánimo y desmotivado. Luego Dios le habla a un Josué temeroso diciéndole, Mira que te mando que te esfuerces y seas valiente; no temas ni desmayes, porque Jehová tu Dios estará contigo en dondequiera que vayas. Después de esta oración y de escuchar el mensaje de Dios, Josué condujo a al pueblo de victorias en victorias, cruzaron el Jordán y conquistaron la tierra prometida por Dios.

Referencia bíblica:
Josué 1: 1-11. Aconteció después de la muerte de Moisés siervo de Jehová, que Jehová habló a Josué hijo de Nun, servidor de Moisés, diciendo: 2 Mi siervo Moisés ha muerto; ahora, pues, levántate y pasa este Jordán, tú y todo este pueblo, a la tierra que yo les doy a los hijos de Israel. 3 Yo os he entregado, como lo había dicho a Moisés, todo lugar que pisare la planta de vuestro pie. 4 Desde el desierto y el Líbano hasta el gran río Éufrates, toda la tierra de los heteos hasta el gran mar donde se pone el sol, será vuestro territorio. 5 Nadie te podrá hacer frente en todos los días de tu vida; como estuve con Moisés, estaré contigo; no te dejaré, ni te desampararé. 6 Esfuérzate y sé valiente; porque tú repartirás a este pueblo por heredad la tierra de la cual juré a sus padres que la daría a ellos. 7 Solamente esfuérzate y sé muy valiente, para cuidar de hacer conforme a toda la ley que mi siervo Moisés te mandó; no te apartes de ella ni a diestra

ni a siniestra, para que seas prosperado en todas las cosas que emprendas. 8 Nunca se apartará de tu boca este libro de la ley, sino que de día y de noche meditarás en él, para que guardes y hagas conforme a todo lo que en él está escrito; porque entonces harás prosperar tu camino, y todo te saldrá bien. 9 Mira que te mando que te esfuerces y seas valiente; no temas ni desmayes, porque Jehová tu Dios estará contigo en dondequiera que vayas. 10 Y Josué mandó a los oficiales del pueblo, diciendo: 11 Pasad por en medio del campamento y mandad al pueblo, diciendo: Preparaos comida, porque dentro de tres días pasaréis el Jordán para entrar a poseer la tierra que Jehová vuestro Dios os da en posesión.

Josué fue un hombre utilizado por Dios dejando evidencias de grandes señales sobre naturales que demuestran el poder de la oración. En medio de su oración llena de fe y del poder del Espíritu Santo, Dios detuvo el sol y la luna por casi un día entero no habiendo ni antes ni después de aquel momento un día como ese donde sus enemigos fueron vencidos y terminaron huyendo los cinco reyes contra los que luchaban en ese tiempo. Esta hermosa historia de lucha, oración y fe está descrita en los siguientes versículos bíblicos:

Josué 10: 12-15. *Entonces Josué habló a Jehová el día en que Jehová entregó al amorreo delante de los hijos de Israel, y dijo en presencia de los israelitas: Sol, detente en Gabaón; Y tú, luna, en el valle de Ajalón. 13 Y el sol se detuvo y la luna se paró, Hasta que la gente se hubo vengado de sus enemigos. ¿No está escrito esto en el libro de Jaser? Y el sol se paró en medio del cielo, y no se apresuró a ponerse casi un día entero. 14 Y no hubo día como aquel, ni antes ni después de él, habiendo atendido Jehová a la voz de un hombre; porque Jehová peleaba por Israel. 15 Y Josué, y todo Israel con él, volvió al campamento en Gilgal.*

En una muestra de oración, fe, obediencia y respuesta de Dios, los muros de Jericó son derribados. Dios le habla a Josué en medio de su oración para entregarle a Jericó, pero le da ordenes específicas de cómo debe rodear la Ciudad indicándole los pasos a seguir, Josué fue obediente y Dios derribo de una manera sobre natural los muros de una ciudad donde la orden era que nadie entraba ni nadie salía para luego ser conquistada Jericó. Esta hermosa historia se relata en los siguientes versículos bíblicos:

Josué 6: 1-16. Ahora, Jericó estaba cerrada, bien cerrada, a causa de los hijos de Israel; nadie entraba ni salía. 2 Mas Jehová dijo a Josué: Mira, yo he entregado en tu mano a Jericó y a su rey, con sus varones de guerra. 3 Rodearéis, pues, la ciudad todos los hombres de guerra, yendo alrededor de la ciudad una vez; y esto haréis durante seis días. 4 Y siete sacerdotes llevarán siete bocinas de cuernos de carnero delante del arca; y al séptimo día daréis siete vueltas a la ciudad, y los sacerdotes tocarán las bocinas. 5 Y cuando toquen prolongadamente el cuerno de carnero, así que oigáis el sonido de la bocina, todo el pueblo gritará a gran voz, y el muro de la ciudad caerá; entonces subirá el pueblo, cada uno derecho hacia adelante. 6 Llamando, pues, Josué hijo de Nun a los sacerdotes, les dijo: Llevad el arca del pacto, y siete sacerdotes lleven bocinas de cuerno de carnero delante del arca de Jehová. 7 Y dijo al pueblo: Pasad, y rodead la ciudad; y los que están armados pasarán delante del arca de Jehová. 8 Y así que Josué hubo hablado al pueblo, los siete sacerdotes, llevando las siete bocinas de cuerno de carnero, pasaron delante del arca de Jehová, y tocaron las bocinas; y el arca del pacto de Jehová los seguía. 9 Y los hombres armados iban delante de los sacerdotes que tocaban las bocinas, y la retaguardia iba tras el arca, mientras las bocinas sonaban continuamente. 10 Y Josué mandó al pueblo, diciendo: Vosotros no gritaréis, ni se oirá vuestra voz, ni saldrá palabra de vuestra boca, hasta el día que yo os diga: Gritad; entonces gritaréis. 11 Así que él hizo que el arca de Jehová diera una vuelta alrededor de la ciudad, y volvieron luego al campamento, y allí pasaron la noche. 12 Y Josué se levantó de mañana, y los sacerdotes tomaron el arca de Jehová. 13 Y los siete sacerdotes, llevando las siete bocinas de cuerno de carnero, fueron delante del arca de Jehová, andando siempre y tocando las bocinas; y los hombres armados iban delante de ellos, y la retaguardia iba tras el arca de Jehová, mientras las bocinas tocaban continuamente. 14 Así dieron otra vuelta a la ciudad el segundo día, y volvieron al campamento; y de esta manera hicieron durante seis días. 15 Al séptimo día se levantaron al despuntar el alba, y dieron vuelta a la ciudad de la misma manera siete veces; solamente este día dieron vuelta alrededor de ella siete veces. 16 Y cuando los sacerdotes tocaron las bocinas la séptima vez, Josué dijo al pueblo: Gritad, porque Jehová os ha entregado la ciudad.

La oración con fe, y la integración total del cuerpo espiritual con el cuerpo físico en una misma dirección alineados a Dios padre mediante Jesús Cristo es la llave maestra que abre todas las puertas desde lo profundo de tu corazón hacia los límites de la infinitud... *(Jeremías 33: 3. Clama a mí, y yo te responderé, y te enseñaré cosas grandes y ocultas que tú no conoces).*

Otra clave en la oración como llave maestra en plenitud es que una persona que ora debe vivir en el fruto del Espíritu Santo "amor". Muchos afirman que los frutos del Espíritu son 9: amor, gozo, paz, paciencia, benignidad, bondad, fe, mansedumbre y templanza. Pero realmente el versículo biblico Galatas 5: 22 dice, el fruto; es decir todas las cualidades antes mencionadas es una unidad.

Galatas 5:22-23. Mas el fruto del Espíritu es amor, gozo, paz, paciencia, benignidad, bondad, fe, 23 mansedumbre, templanza; contra tales cosas no hay ley.

La palabra de Dios en la Biblia, menciona el fruto del Espiritu y describe 9 caracteristicas del fruto comenzando con el amor, es decir; el amor es caracteristica principal, ya que si hay amor todas las demas caracteristicas estan presentes. En otras palabras, el fruto del Espiritu es una unidad conformada por: amor, gozo, paz, paciencia, benignidad, bondad, fe, mansedumbre y templanza.

Si amor por el projimo la oración por el projimo es efectiva, es decir; la oración es una llave maestra que abre las puertas de lo que se pide en la oración.

El que ora si vive en el fruto del Espiritu su oración es ponderosa porque es el poder de Dios vivo en acción.

Oración ✚ El fruto del Espiritu ▬ Llava maestra

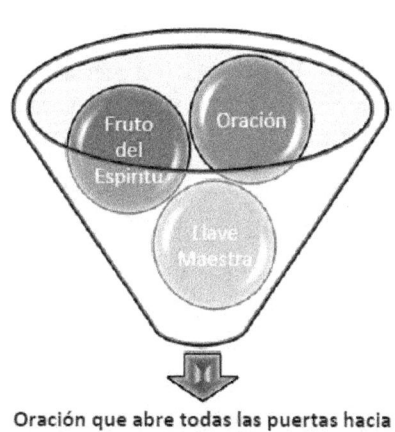

Oración que abre todas las puertas hacia los límites de la infinitud

9 MI HISTORIA

Érase una vez en el año 1982 a la orilla de un río, nació un niño, su padre le atendió el parto a su madre y la placenta fue enterrada a la orilla del río donde nació, a lo largo de esta historia al niño lo llamaremos *"Niño Espiral"*, fue el único de 5 hermanos que no nació en un hospital o centro médico. En el kilómetro 5 de Yumare Estado Yaracuy (Venezuela) un 25 de mayo de 1982, nace el *Niño Espiral*; su padre obrero del campo y su madre una mujer del campo que nunca tuvo oportunidades de estudiar y nunca aprendió a leer ni a escribir. De esta manera comienza la historia del *Niño Espiral* desde la infancia en el campo, en un mundo de lucha, sacrificio y sobrevivencia entre adversidades por escasos recursos económicos.

El *Niño Espiral*, tuvo una infancia feliz a pesar de todo, su niñez la vivió a la orilla de un rio en el campo junto a sus padres, en una finca de naranja donde su papá era el encargado; sus juguetes eran papagayos, trompos, metras y carros de madera con potes de aceites para las ruedas, construidos por el *Niño Espiral* con la ayuda de su padre que le enseñaba a construir juguetes con materiales del campo. También para este Niño, el rio fue un entretenimiento y diversión en su infancia; pues allí aprendió a nadar y a pescar desde temprana edad, en el campo aprendió a manejar bicicleta en una prestada de unos vecinos del mismo kilometro 5. Trabajó en el campo desde muy corta edad, recogiendo naranja, sembrando, jalando machete y escardilla, además ayudaba a su papá en el conuco con las siembras de yuca, auyama, frijoles, quinchonchos, caraotas, entre otras frutas y verduras. Su infancia a pesar del trabajo del campo, fue feliz, ya que este niño siempre tomaba el trabajo del campo como un juego.

Cuando el *Niño Espiral* tenía 8 años aproximadamente empecé a interesarse por los estudios, gracias a las propagandas educativas del bulto escolar, también una propaganda de la Chevrolet que decía ¡ Io, io,… Dale duro a ese camión, ese aguanta con lo que sea con la carga del campo a la ciudad!..., estas pequeñas cosas aunque parecen insignificante despertaron en su corta edad una motivación por los estudios, y desde entonces el *Niño Espiral* quería estudiar para cambiar su forma de vida e ir a la ciudad. Cuando veía a otros niños ir a la escuela, él también quería ir; por eso le pidió a su padre que lo llevara a la escuela, el le respondió hijo tu estas muy pequeño para llevarte a la escuela (claro, el niño era pequeño de tamaño, pero no de edad, pues tenía 8 años), a pesar de la negativa convenció a su papá de llevarlo a la escuela. Cuando su papá lo lleva para inscribirlo en primer grado, sólo faltaban tres semanas para culminar el año escolar, la maestra Evelia para ese momento no acepto al *Niño Espiral*, alegando que el año escolar ya estaba terminando y que lo inscribiera el próximo año escolar para que empezara desde cero; el *Niño Espiral* no acepto la negativa de la maestra, se puso a llorar y se agarró duro de las patas del escritorio de la maestra, en otras palabras se pegó como una garrapata del escritorio de la maestra a llorar, lloraba y lloraba diciendo, yo quiero estudiar, yo quiero estudiar. La maestra al ver la insistencia del niño y que no podían persuadirlo y hacerlo cambiar de opinión, se condolió y le dijo al padre del niño que si aceptaría como oyente esas tres últimas semanas de clases que quedaban para culminar el año escolar; para el *Niño Espi*ral eso fue una alegría muy grande, y a partir de ese momento tuvo un gran impulso que aún mantiene, tanto así; que en tres semanas aprendió a leer, a escribir, a sumar, a restar, a multiplicar y a dividir, no quedándole otra opción a la maestra que promoverlo para segundo grado una vez terminadas las tres semanas de clase. Esta fue, la primera, mayor y mejor decisión académica en toda su vida, pues es el comienzo de sus luchas por un mundo mejor. Cabe destacar que este niño estudia sin posibilidades económicas y sin una figura familiar que le apoyara en sus estudios, su papá trabajaba todo el día en el campo y nunca le enseño a leer, su mamá es analfabeta no sabe leer ni escribir, pero el *Niño Espiral* tuvo un impulso, tuvo un sueño y se abrió paso en medio de las dificultades para estudiar y hacer realidad su sueño.

El *Niño Espiral* en su monologo interno *"no sé si mi maestra Evelia se acordara de aquel momento, pero le agradezco desde lo profundo de mi corazón su amable gesto de aceptarme y enseñarme esas tres semanas de clases que para mí fueron suficientes como punto de inicio en el camino de hacer realidad mis suelos".* Este *Niño Espiral* además de ser un ejemplo a seguir en su Escuela Simón Bolívar donde estudió sus primeros grados de primaria, ya que en todo el campo y entre toda su familia es el que más ha estudiado, hasta ahora tiene título de Magíster en Matemáticas de la Universidad Simón Bolívar (USB).

Sus padres se separaron, su papá se llevó al *Niño Espiral* y a su hermano vivir con él y recorrieron varios lugares en varias fincas donde su padre encontraba trabajo, pero por corto tiempo, finalmente se fueron a una finca de ganado por el kilómetro 35 de Yumare; su hermano Carlos y el *Niño Espiral*, allí los niños aprendieron a ordeñar vacas y cabras. Donde su papá murió a los 66 años de edad, el *Niño Espiral* tenía para ese entonces 13 años con sexto grado de primaria por la mitad (su papá siempre aconsejaba a los niños diciéndoles, hijo estudie, hijo estudie para que sea un obrero del campo como lo soy yo, estas palabras siempre las recuerda el *Niño Espiral* en su corazón y son un punto de automotivación en momentos de dificultad), sus hermanos mayores y sus tíos empiezan a disputarse por quedarse con los niños Carlos y su hermano, el *Niño Espiral*, pero ninguno de ellos les ofrecían la oportunidad de seguir estudiando, los querían a poner a trabajar en el campo. El *Niño Espiral* a la edad de 13 años decidió por su hermano Carlos y por él en irse a vivir en Barquisimeto con su padrino Félix Suarez en busca de una oportunidad de estudio, en ese proceso perdió todo el año escolar y le toco empezar el sexto grado desde cero nuevamente después que ya tenía el sexto grado de primaria a más de la mitad, con sus padrinos se ganaba sus estudios y la comida diaria; limpiando piso, recogiendo basura, lavando baños entre otras cosas, el *Niño*

Espiral era el que me encargaba de la limpieza de la casa. Le tocó madurar muy joven por circunstancias de la vida, trabajando duro siempre para poder estudiar y alcanzar sus sueños.

El *Niño Espiral,* cuando empezó a estudiar séptimo grado de secundaria quería ser ingeniero y cuando estaba en noveno grado de educación básica le gustaba la arquitectura, pues en ese entonces sentía pasión por el dibujo arquitectónico y proyectivo, los planos de eje y ubicación los hacía a los compañeros de clase y les cobraba por cada dibujo que realizaba viendo una oportunidad en esta área del conocimiento para su futuro, también trabajaba en los mercados de los jueves y los sábados de cada semana vendiendo verduras y aliños verdes. En el año 2001, se graduó de bachiller en el Liceo Nacional Rafael Villavicencio trabajando y estudiando a la vez, quedando con el cupo universitario por el CNU en la tercera opción Licenciatura en Ciencias Matemáticas. Luego antes de empezar a estudiar su carrera universitaria trabajó con la empresa Emica limpiando el monte de la avenida Libertador de Barquisimeto y sembrando gramas en la misma, así ahorró dinero para todo un semestre, y empezó su carrera universitaria en el julio del año 2002.

En el primer semestre de su carrera universitaria, el *Joven Espiral* obtiene el mejor promedio académico entre todos los estudiantes de la licenciatura en matemáticas, para el segundo semestre empezó a trabajar nuevamente y fue su primera experiencia como docente desempeñándome en educación, también combinaba sus horas de trabajo yendo los sábados al mercado mayorista de Barquisimeto con su padrino Félix Suarez a cargar bolsas y recibir propinas por subir paquetes a los carros, por tal motivo su rendimiento académico en la universidad bajó considerablemente, pues a fuerza de sacrificios logró culminar su carrera en diciembre del 2008, en agosto de este mismo año nació mi primer hijo, su mayor punto de inspiración para ese momento para continuar metas y objetivos el resto de su vida. Su hijo despertó en el un sentimiento colectivo por todos los niños de Venezuela y del mundo y un gran amor a la patria. Hay nuevos sueños, nuevas metas y objetivos, siendo el mundo una espiral que se renueva constante mente.

El *Joven Espiral* en su primera experiencia como docente solo tenía 19 años y le toco dar clases en educación adulto donde sus estudiantes en su gran mayoría eran de mayor edad que él. Su primer día de clase llega muy temprano al instituto y entra puntualmente al salón de clases y se sienta en el escritorio a esperar que sea la hora programada para empezar a dictar la clase, primer día, los estudiantes comenzaban a llegar al salón, las manos comenzaban a sudar, los nervios se sentían, el corazón latía con intensidad el profesor era el más joven del salón y de repente se acerca una estudiante y le pregunta al *Joven Espiral,* ¿conoces al profesor, sabes si vendrá? y el *Joven Espiral* response, **si conozco al profesor, yo soy profesor**, está respuesta sorprendió a todos en el salón porque muchos pensaron que era un compañero más de clases y todos se imaginaban al profesor de matemáticas como un adulto de mayor edad, luego se rompió el hielo y comenzó la interacción entre profesor y estudiantes marcando así el inicio de lo hermoso que significa enseñar y transmitir conocimientos.

Siempre hay un comienzo en cada área y etapa de tu vida, ciclos se cierran y otros se abren, pero nunca dejes de luchar por tus sueños, sigue siempre hacia delante. Si el mundo se mueve, muévete también; pero si tu te quedas inerte el mundo se moverá y tú nunca avanzarás ni podrás recuperar los kilómetros perdidos que dejaste de recorrer.

En el año 2009 el *Joven Espiral,* ya como licenciado en ciencias matemáticas trabajaba como docente en varios institutos universitarios y también en un liceo de secundaria, vive con su familia, esposa e hijo y sus padrinos; pero un accidente de tránsito cambio el rumbo de su historia. Andando en su vehículo con su esposa e hijo rumbo a la casa de su hermana mayor, en un cruce casi llegando a la casa de hermana un carro que venía a una gran velocidad lo impacto por atrás en pleno cruce y por milagro de Dios a su hijo no le paso nada y tampoco a su esposa, su hijo venia dormido en las piernas de su esposa en el asiento del copiloto (*el Joven Espiral* siempre da gracias a Dios por cuidar y resguardar la vida se su hijo y esposa), el *Joven Espiral* tuvo fractura cráneo encefálica y fractura de clavícula que posterior mente se fue recuperando de salud. A raíz del accidente perdió sus trabajos y no se pudo realizarse la operación de clavícula porque el seguro tardó mucho tiempo en bajar los recursos para la operación y en el hospital central no habían los insumos necesarios para realizar dicha operación, comenzó la situación económica a ponerse difícil su hijo estaba muy pequeño, su padrino también comenzó a enfermarse de gravedad, empezó a tener problemas de pareja con su esposa, su carro lo vendió chocado para utilizar ese dinero un poco para solventar la situación económica. En medio de su crisis recibe un correo de la Universidad Simón Bolívar donde le ofrecen una beca trabajo donde el trabajaría como ayudante académico en la universidad mientras realizaba la maestría, esta fue una gran noticia para el *Joven Espiral*, una esperanza en medio de las dificultades y en sus funciones como ayudante académico le tocaba dar clases, corregir exámenes, preparar material de clases entre otras.

En el año 2010 comienza a estudiar su maestría en matemáticas, su padrino estaba enfermo de gravedad y le tocaba estar muchas veces con él en el hospital porque no tenía ayuda, los problemas con su esposa eran cada vez mayores. En el año 2011 su padrino muere y también se divorcia, fue un año difícil sentimentalmente para el *Joven Espiral* estaba devastado su corazón estaba roto en mil pedazos y no tenía orientación sobre el rumbo de su vida, eran sus estudios de maestría y su trabajo los que le permitían distraer un poco la mente para resistir esa situación, también comenzó a vivir su vida un poco desordenada en medio del alcohol fiestas y falsas amistades. De todo este caos, el *Joven Espiral* se levantó, recobro el sentido de su vida y siguió luchando.

En el año 2013 el *Joven Espiral* , se graduó de Magíster en Matemáticas y también en ese mismo año en busca de una mejor oferta laboral porque la situación económica del país en general estaba cada vez peor, se asimila como oficial del ejército en el grado de Teniente, comenzó a trabajar en el Ministerio de la Defensa como jefe del Área de Estadística, luego en la Universidad Nacional Experimental de la Fuerza Armada (UNEFA) como Coordinador Nacional de Extensión, en el 2016 asciende a primer teniente entre los mejores por orden del mérito estando en la posición 7 de 232 oficiales ascendidos y es trasladado a la comandancia general del ejército para trabajar en el área de estadística de la dirección de personal del ejército, nunca estuvo de acuerdo con su trabajo en el ejército porque la Institución Castrense se politizó perdiendo su identidad como fuerza armada y colocarse al servicio de un dictador. *El Joven Espiral,* comienza su trámite de baja desde el 2016 la cual le fue negada muchas veces, pero en su insistencia por fin en el año 2018 le dieron su baja militar y cesó sus funciones en la fuerza armada, comienza una nueva etapa en su vida en un país sumergido en una profunda crisis política, social y moral.

En el mismo año 2018 el *Joven Espiral* , migra de su país natal en busca de mejores condiciones de vida para él y su hijo con el anhelo de construir un mundo mejor para el futuro de su hijo, estuvo dos meses en Colombia (Bucaramanga) trabajando como vendedor de café y caletero descargador de plátanos de los camiones en el mercado mayorista de Bucaramanga, luego viajo a Ecuador y por ultimo llego a Lima Perú en agosto del 2018, para realizar los viajes desde Colombia hacia Ecuador y luego a Perú tuvo el apoyo de su compañera de clases en la universidad y amiga Iris Marrufo que le prestó los pasajes siendo este un gran punto de apoyo el cual le está agradecido por siempre, luego comenzó a dar clases particulares de matemáticas en Lima, luego trabajó el 2019 como profesor de matemáticas en el Colegio Miguel Ángel Bounarroti, en este colegió trabajo con primaria y secundaria donde tuvo su primera experiencia con niños de primaria y ha sido su mejor experiencia en toda su vida profesional *(Enseñar a un niño es maravilloso, su creatividad e imaginación superan fácilmente a cualquier adulto. Dios bendiga a todos los niños del mundo y los adultos trabajemos por ellos para garantizarles una vida en plenitud).*

Actualmente (2023) este *Hombre Espiral*, con espíritu de *Joven Espiral* y vitalidad del *Niño Espiral*, es docente dictante en la Universidad Tecnológica del Perú (UTP), donde dicta clases de matemática a estudiantes de todas las carreras de ingeniería, administración y arquitectura. Siguiendo el propósito y misión de la Universidad que es, transformar la vida de todos los estudiantes de la UTP.

*Con **Mi Historia** espero poder motivar a muchas personas que tengan la oportunidad de leer este libro, que luchen por sus sueños y nunca se rindan y sigan siempre hacia delante bajo cualquier circunstancia, que se esfuercen y sean valientes, conquisten sus sueños. Dios siempre está con nosotros.* Siempre hay un camino por recorrer, nunca te detengas.

Mis estudiantes de 5to grado primaria del Colegio Miguel Ángel Bounarroti. Lima 25/05/2019

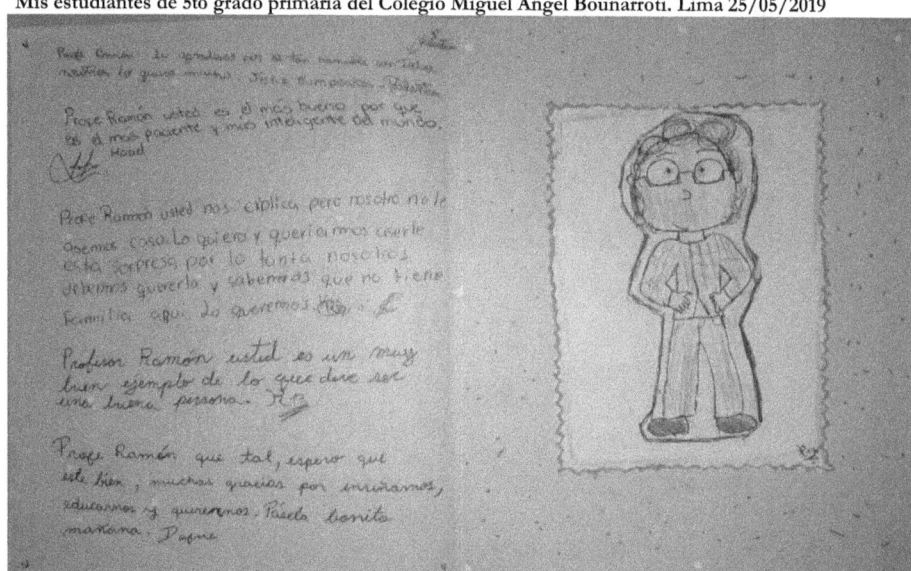

10 ESTRELLA RESPLANDECIENTE

Tu eres una estrella resplandeciente que brillas con luz propia, se luz y alumbra con tu resplandor el camino de otros.

Isaías 60:1. *Levántate, resplandece; porque ha venido tu luz, y la gloria de Jehová ha nacido sobre ti.*

11 ESPIRAL DEL CONOCIMIENTO

SPIRAL OF KNOWLEDGE

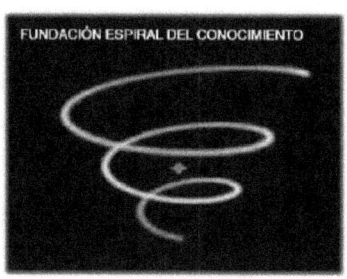

Espiral del conocimiento es un proyecto que nació en el año 2014, como *"Fundación Espiral del Conocimiento"*, teniendo como fundadores principales a Ramón Padilla y Teodoro Cordero, este proyecto nació una noche conversando sobre ciencias, la sociedad y sobre el laberinto en que se estaba sumergiendo la nación venezolana y sobre todo el futuro desalentador de los niños que se veía venir. En esa conversación y buscando un mecanismo para apoyar con conocimientos a brindar aportes significativos a la sociedad y población en general surge esta idea entre Ramón Padilla y Teodoro Cordero de crear un organismo capaz de reunir esos talentos con potencialidades humanas, esta idea se materializó en los próximos días como la *"Fundación Espiral del Conocimiento"* siendo una organización legalmente constituida y registrada, formada por un grupo de investigadores de diferentes disciplinas adscritos a universidades importantes dentro y fuera del territorio nacional, con la misión de realizar investigaciones de naturaleza multidisciplinaria e integral para construir herramientas que impulsen el crecimiento científico, tecnológico y motivacional de la sociedad venezolana. Para mejorar las condiciones de vida de la población.

El proyecto comenzó a dar sus primeros pasos autofinanciado por los mismos fundadores, se realizaron visitas guiadas a institutos educativos tanto de secundaria como universitarios y se logro por primera vez en el territorio unir en una visita guiada al Instituto Venezolano de Investigaciones Científicas IVIC a estudiantes de la Academia Militar con estudiantes universitarios civiles y estudiantes próximos a graduarse de secundaria.

Ramón Padilla dando una conferencia a estudiantes del Colegio Padre Diaz de Duaca Estado Lara el 5 de diciembre del 2014

Conferencia disponible escaneando el siguiente código QR

Teodoro Cordero en visita guiada con estudiantes de la
Academia Militar en el IVIC

Estudiantes civiles y estudiantes de la academia militar realizando
experimentos juntos

La *"Fundación Espiral del Conocimiento"* nace con una misión, una visión y un objetivo que se expresan a continuación:

MISIÓN. La "Fundación Espiral del Conocimiento" nace con la finalidad de ser una institución Eco-Humanística Científica al servicio de la población venezolana, creando y ejecutando proyectos científicos destinados a resolver problemas que atañen las comunidades tomando como base fundamental las potencialidades humanas y ecológicas de cada región, todo en completa armonía con la naturaleza.

VISIÓN. Ser una institución conformada por profesionales de todo el país, formados en diferentes aéreas del saber (pueblo científico-humanístico), con la vanguardia del desarrollo Científico-Tecnológico en armonía con la naturaleza tomando como base el aprovechamiento de las potencialidades humanístico-ecológica de cada región y de esta manera regionalizar las ciencias en Venezuela al servicio del pueblo.

OBJETIVO GENERAL. Contribuir al desarrollo nacional impulsando y participando activamente en la seguridad de la Nación a través de la educación; fundamentados en el principio de corresponsabilidad entre el Estado y la sociedad civil, para dar cumplimiento a los principios de independencia, democracia, igualdad, paz, libertad, justicia, solidaridad, promoción y conservación ambiental y afirmación de los derechos humanos sobre las bases de un desarrollo sustentable y productivo de plena cobertura para la comunidad nacional. La "Fundación Espiral del Conocimiento" impulsará el principio de corresponsabilidad sobre los ámbitos: económico, social, político, cultural, geográfico, ambiental y educativo.

Así fueron los primeros pasos y logros de la *"Fundación Espiral del Conocimiento"*, actualmente la fundación no esta operativa en sus funciones debido a la realidad del país Suramericano que es imposible trabajar en proyectos mancomunados por la mala dirigencia política del régimen operante en Venezuela, pero al ser una institución legalmente constituida y el deseo de ayudar y apoyar a los demás en función de la ciencia y educación de los fundadores principales sigue intacto y queda la dicha de que a los primeros beneficiados de la fundación les quedo una huella imborrable en sus vidas.

https://espiraldelconocimi.wixsite.com/fundacion

http://conocimientopartodos.blogspot.com/2014/07/bienvenidos_20.html

Luego mucho tiempo después los fundadores principales de la *"Fundación Espiral del Conocimiento"* se reencuentran en Perú y entre sus conversaciones reviven sus ideas iniciales, se presenta una oportunidad de participar en un concurso mundial de la NASA (NASA SPACE APPS CHALLENGE) en octubre del año 2021, a Ramón Padilla le llega una noticia por su celular de un concurso y en tan solo una semana organizó un equipo de 5 participantes conformado por los dos fundadores principales de la *"Fundación Espiral del Conocimiento"* y tres mujeres Chimbotanas, una psicóloga, una doctora en medicina y una estudiante brillante de 6to grado de primaria y así se conforma el equipo ***"Espiral del Conocimiento"*** con el lema

Esfuérzate y se valiente para sobrepasar tu propio entendimiento y conquistar el mundo.

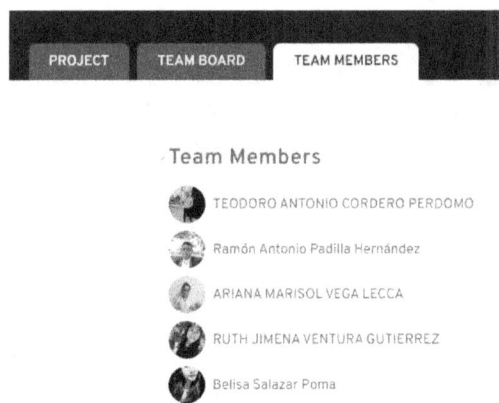

Cabe destacar que, en el concurso entre 28000 equipos, el equipo "Espiral del Conocimiento" quedó entre los primeros 100 mejores del mundo, siendo este un gran logro a nivel de ciencias por primera vez en la región de Chimbote (Perú)

Bitácora

En esta sesión se encuentran las primeras fotos como equipo que reflejan química y sinergia en el grupo y lo más resaltante en cada foto es la hermosa sonrisa dibujada en el rostro de cada participante, también se encuentran otras imágenes donde se refleja el trabajo y logros del equipo *"Espiral del Conocimiento"*.

Imagen tomada la noche del domingo 03 de octubre del 2021

Imagen editada la noche del 03 de octubre del 2021

Imagen selfi tomada la noche del 03 de octubre del 2021

Magia haciendo aparecer el número 7

Todo caos tiene un orden y todo orden tiene un caos

Esta imagen es el lugar donde se reunía el equipo "Espiral del Conocimiento" a trabajar en su proyecto de concurso *"Vida más allá de la tierra"*

Creatividad del equipo

Publicación del Diario de Chimbote: sábado 23 de octubre del 2021

Link de la publicación en versión digital del Diario de Chimbote:

https://diariodechimbote.com/2021/10/23/proyecto-vida-mas-alla-de-la-tierra-es-reconocida-por-la-nasa/

Link de la NASA "Equipo Espiral del Conocimiento"

https://2021.spaceappschallenge.org/challenges/statements/have-seeds-will-travel/teams/spiral-of-knowledge/project

Aquí el proyecto presentado en el concurso de la NASA

La vida más allá de la tierra
Life beyond earth

La importancia del presente proyecto "la vida más allá de la tierra", es brindar alternativas para generar condiciones favorables de supervivencia en el espacio profundo; para ello, se busca desarrollar un sistema de control en base al requerimiento nutricional mediante las semillas que vuelen para los 6 tripulantes; asimismo, integrándolos a un proceso de adaptaciones psicológicas, a través un dispositivo de realidad virtual. Además, se implementará un tablero de mando con la funcionalidad de cuantificar matemáticamente todas las variables del sistema, mediante la recopilación de datos de bases teóricas, artículos científicos, datos de la NASA y el uso de Software. Este proyecto se realizará en la ciudad de Lima durante los días 2 y 3 de octubre 2021. Se espera resolver este desafío proponiendo soluciones puntuales que estén asociadas al estado nutricional y psicológico de los tripulantes en la misión a Marte.

Palabra's claves: semilla, espacio profundo, tablero de mando, nutrición.

INTRODUCCIÓN

Sustentación matemática del problema

Para tener un control eficaz de los suministros de semillas incorporaremos algoritmos matemáticos capaces de proporcionar resultados que permitan tener el control del sistema.

OPERACIONES EN TIERRA

Antes de iniciar su despegue de tierra el transbordador espacial deberá ser abastecido con la carga de semillas optimas que deben viajar al espacio profundo (la semillas fueron clasificadas en el inciso anterior). Para garantizar una carga útil y óptima de semillas en el transbordador espacial, cuyos espacios de almacenamiento son reducidos, haremos una segunda clasificación obedeciendo a los siguientes aspectos:

- Capacidad de carga del transbordador
- Tiempo de desarrollo de las plantas
- Tamaño de la planta
- Peso de la planta
- Aporte nutricional de la planta
- Ingesta diaria por los tripulantes
- Tiempo de la misión

Para tener un control de la cantidad óptima de semillas que viajaran según los aspectos antes mencionados, implementaremos un modelo matemático de investigación de operaciones denominado: el algoritmo de la mochila. Para muchos autores el problema consiste en averiguar qué objetos se pueden insertar en la mochila sin exceder la capacidad total de la misma, obteniendo el máximo beneficio. El problema de la mochila, busca no sobrepasar el peso límite, llevando objetos con peso y un valor (o ganancia). Objetivo: maximizar la cantidad y el valor de objetos qué se llevan. En nuestro caso la mochila es el trasbordador espacial y los objetos que deseamos insertar son los diferentes tipos de semilla con el valor antes mencionado

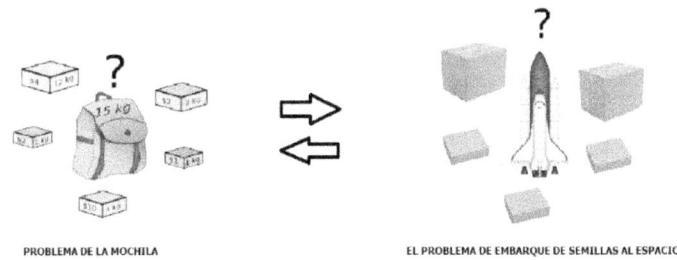

PROBLEMA DE LA MOCHILA   EL PROBLEMA DE EMBARQUE DE SEMILLAS AL ESPACIO

OPERACIONES ESPACIALES

Unas ves que nuestro transbordador espacial supere las ultimas capaz de la tierra y sobrevuele por encima de la altura de la estación internacional tenemos una región del espacio denominada zona ricitos de oro (zona habitable), el cual es una franja imaginaria en cuyo dominio los niveles de la temperatura en esa zona es ideal para que el agua pueda estar en fase líquida. Lo que indica que esta zona hay que monitorear y estratificar en sub zonas ya que la temperatura no es la misma en lo ancho de esta región, y pueden variar de muy caliente (límite inferior) a muy frio (límite superior) Los límites interno y externo de la zona habitable varían en función de la luminosidad estelar. Es un área de gran importancia ya que básicamente el humano y plantas están compuestos en su mayoría por agua,

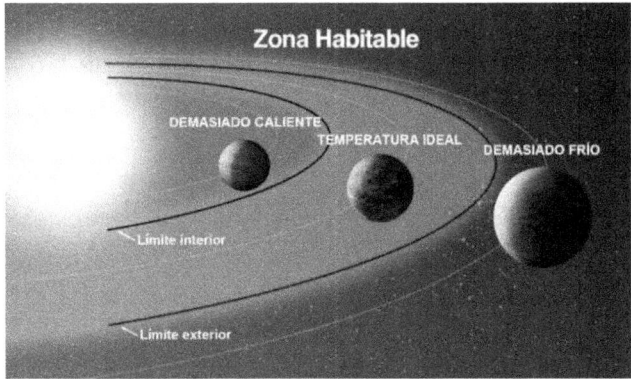

A medida que la misión transita por estos estratos imaginarios construidos según el nivel de temperatura, (temperatura deferencial) la biología de los tripulantes así como de las plantas se ve afectada según la condición de cada subregión.

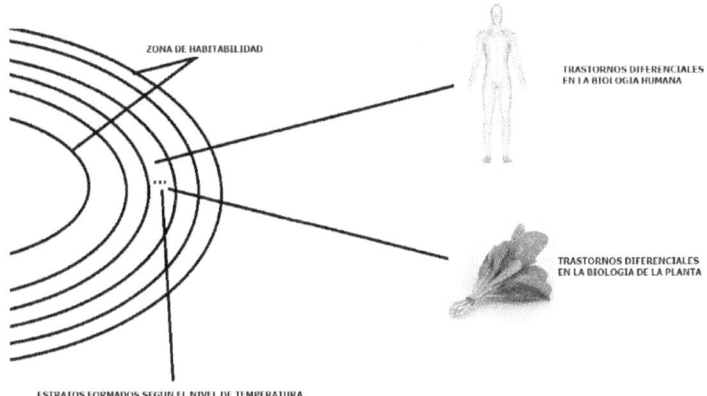

ABASTECIMIENTO

Para mantener un control en nuestro inventario de semillas debemos considerar una variedad de semillas distintas para cada subregión (descrita en el dibujo anterior) obedeciendo a la capacidad de resistencia de la planta y valor nutricional acorde a las exigencias biológicas de la tripulación en cada estrato. Para garantizar el abastecimiento óptimo de los productos derivados de estas cosechas espaciales durante la misión a marte, emplearemos un modelo matemático de investigación de operaciones que se denomina modelo de inventarios. Estos sistemas tratan de conseguir un nivel de almacén que minimice los costes totales relacionados con el inventario, manteniendo a la vez bajo control la posibilidad de que el cliente o el proceso receptor, en su caso, queden desabastecidos. En este caso nuestro cliente receptor son los astronautas a quienes debemos garantizar su abastecimiento nutricional.

ÍNDICE NUTRICIONAL DE LOS ASTRONAUTAS

Es necesario mantener vigilado y controlado matemáticamente el nivel nutricional de los tripulantes. Para ello construiremos un modelamiento matemático que podría ser una técnica analítica que permita predecir el nivel nutricional bajo ciertas condiciones del viaje. Diseñando una estrategia que permita determinar el porcentaje de degradación de proteína en función del tiempo. La técnica que esteremos usando es la implementación de Micromodelos de simulación (modelos basados en agente) que nos permita anticiparnos a cualquier estado de emergencia.

Desarrollo de un Tablero de mando para el seguimiento de casos relacionados con la supervivencia de los astronautas en una misión a Marte.

Las exploraciones espaciales son tan riesgosas que los niveles de vigilancia deben ser extremas, todos los modelos matemáticos antes descritos se pueden automatizar usando técnicas de inteligencia artificial. Para que no se genere un vacío en la información utilizaremos los datos que generan los otros subsistemas de vigilancia relacionados a los problemas que se derivan de los viajes espaciales. Para lograr ello, se requiere del desarrollo y aplicación de soluciones tecnológicas digitales basadas en un tablero de mando que acorten procesos y ayuden a los analistas de datos de manera predictiva en la identificación de situaciones inusuales permitiendo una rápida y oportuna intervención por parte de los tomadores de decisiones de la NASA.

En conclusión, en el contexto que se encuentra las características de los viajes espaciales, este proyecto tiene como objetivo el generar información necesaria que permita tomar acciones oportunas para el seguimiento y control de los casos relacionados con la supervivencia de los astronautas a través del análisis de datos proporcionados por un tablero de mando que articule los demás subsistemas de vigilancia del vuelo espacial dando mayor direccionalidad al orientarla a diversos escenarios. Este enfoque permitirá identificar de manera dinámica y precoz los cambios.

El tablero de mando nos simulara de forma temprana cualquier riesgo en que se pudiera presentar en la misión en regiones próximas a ser alcanzadas por la nave exploradora, cabe destacar que también puede incluir otros indicadores que estén presente y sean esenciales para llevar a cabo la misión.

APLICACIONES TECNICAS

Una aplicación técnica notoria que podríamos estar considerando es el hecho de colocar algunos especímenes de plantas según las características dadas, para desarrollarse en sus respectivas cámaras de germinación y estas ser activadas según las condiciones de cada estrato de la zona de habitabilidad. La activación de cada alerta será dada por el tablero de control (activación de cabinas)

DISPOSITIVO DE REALIDAD VIRTUAL

El dispositivo de realidad virtual será un complemento del tablero de mando, ya que al simular una realidad virtual en el tripulante podrá mantener vivo los recuerdos más emotivos de su vida pasada teniendo siempre su mente activa y llena de esperanza. Si el tripulante mantiene su equilibrio psicológico, emocional y físico, entonces su cuerpo será capaz de generar mecanismos de defensa para enfrentar las situaciones adversas ante la perdida de nutrientes necesarios para una vida equilibrada. En consecuencia, el rol alimenticio sugerido por el tablero de mando para los tripulantes será más efectivo, el dispositivo de realidad virtual debe estar integrado en el casco y visor del traje espacial utilizado actualmente por la NASA (Advanced Crew Escaspe ó ACES), además de sensores en las manos y pies para estimular la sensación del movimiento corporal

PROCESOS DE ADAPTACION

Según Damásio (1994 – 2007), plante a que la adaptación en el ser humano se basa en instintos que contribuyen a su supervivencia (sobrevivir a condiciones extremas distintas a su ambiente original), así como en dispositivos cerebrales básicos que permitan que se desarrolle la cognición y el comportamiento social.

El proceso de adaptación puede ser una reacción del organismo para ajustarse, o una acción que ajusta el medio. Puede afectar también a los modos de funcionamiento o a las formas. Se dice que dos formas están adaptadas cuando se corresponden de cierta manera. En toda adaptación hay que distinguir un estado (el equilibrio o meta que se pretende alcanzar) y un proceso (oscilación alrededor de ese estado, o evolución hacia ese estado por adaptación). De aquí que se requiera una compatibilidad entre los ajustes que implican el proceso.

ESTREGIAS DE ADPTACION

Podemos concebir operativamente la adaptación como el paso de una situación de defensa a una de dominio mediante el enfrentamiento. La defensa aparece en aquellas situaciones de adaptación en las que el peligro presente y la ansiedad son de capital importancia. El enfrentamiento aparece en situaciones de stress personal. Aparece principalmente cuando hay un cambio drástico o problema para cuya solución no valen los comportamientos normales, y requiere otros nuevos, dando origen a sentimientos intranquilizantes como ansiedad, desesperación, culpa, vergüenza, disgusto, etc. El enfrentamiento implica, por tanto, adaptación en condiciones relativamente difíciles. El dominio se aplica al comportamiento en el que se superan las frustraciones y en el que los esfuerzos de adaptación llegan a alcanzar el éxito. Normalmente se consigue éste a base de mecanismos de defensa. Los esfuerzos para alcanzar el dominio actúan como defensa contra la ansiedad. Por esto, el enfrentamiento, dominio y defensa forman parte de las estrategias de la adaptación, y ésta no significa ni un triunfo total sobre el ambiente, ni una total sumisión a él, sino un esfuerzo por llegar a un compromiso aceptable entre ambos.

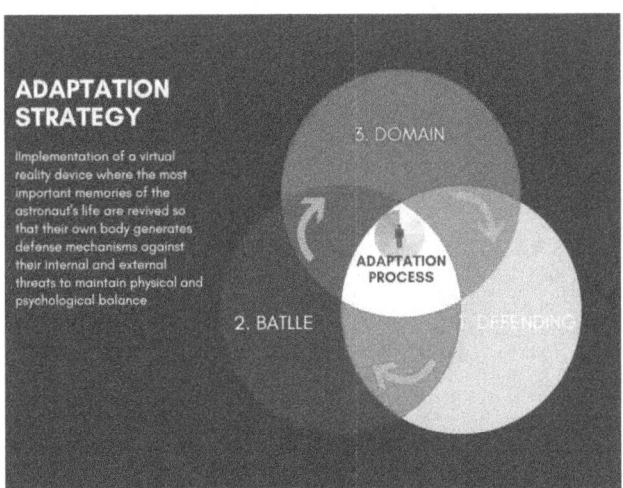

Primer fundamento histórico: estereoscopio

El primer fundamento histórico de la realidad virtual se da en el año 1844 cuando Charles Wheatstone crea el estereoscopio, que consiste en obtener dos fotografías casi idénticas pero que se diferencian en el punto de captura de la imagen y son observadas de manera separada por cada ojo, entonces, el cerebro las mezcla en una sola imagen creando un efecto tridimensional. Este concepto luego será la base de los primeros visores de realidad virtual.

Primer sistema con entorno artificial

Hacia finales de la década de los cincuenta e inicios de los sesenta, la empresa Philco Corporation desarrolla el primer sistema de realidad virtual en el cual se genera un entorno artificial donde se podía acceder mediante la utilización de un dispositivo visual con forma de casco que permitía a los usuarios controlar el entorno mediante un sensor magnético ubicado en el casco que determinaba la orientación de la cabeza del usuario.

Avances de la realidad virtual

Super Cockpit (1980)

Thomas Furness fue el encargado de desarrollar un simulador de vuelo llamado Super Cockpit. Este ambicioso proyecto permitía a un piloto controlar un avión utilizando gestos, palabras o movimientos oculares. Además, esta cabina de entrenamiento también proyectaba mapas tridimensionales, imágenes infrarrojas y de radar, y datos de aeronáutica en un espacio tridimensional y en tiempo real.

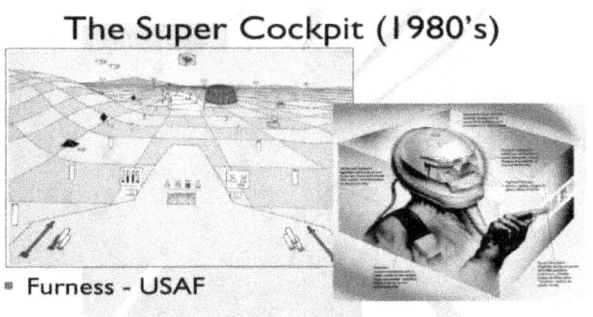

Furness, T. A. (1986, September). The super cockpit and its human factors challenges. In *Proceedings of the Human Factors and Ergonomics Society Annual Meeting* (Vol. 30. No. 1. pp. 48-52). SAGE Publications.

VIVED (1986)

La NASA fue una de las primeras instituciones en mostrar al público unas gafas de realidad virtual, nada más y nada menos que en la feria electrónica de consumo: CES. Este dispositivo permitía un campo de visión de 120° en cada ojo, gracias a dos pantallas LCD. Además, incorporaba control por voz y un sistema de reconocimiento de gestos por guantes. En su conjunto, también incluía un traje repleto de sensores para el reconocimiento de movimientos, gestos y orientación espacial del individuo.

Google Street View – Oculous Rift (2007-2010)

En 2007 Google introdujo Google Street View, un servicio que nos muestra vistas panorámicas sobre infinidad de puntos de nuestro planeta. Desde carreteras, edificios o áreas rurales. Además, puede ser usado en modo estereoscópico 3D, desde 2010. En 2010, Palmer Luckey diseño el primer prototipo de Oculus Rift. Este prototipo fue construido en la estructura base de otro casco de realidad virtual. Tras el paso de los años y las modificaciones necesarias, Oculus Rift, ha pasado a ser uno de los sistemas de realidad virtual de referencia.

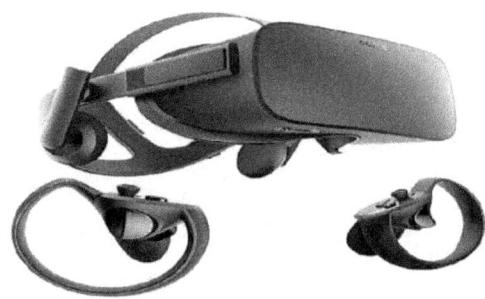

¿CÓMO SE RESOLVIÓ EL DESAFÍO?

El problema de hacer viajar las semillas en una misión a marte lo hemos resuelto parcialmente. Hemos logrado sustentar matemáticamente cada una de las operaciones logísticas que permitirá mantener controlado y monitoreado el viaje de dichas semillas. Este orden establecido nos dará dominio sobre el control de todos los procesos y así prevenir de forma precoz, para esto tuvimos como producto el desarrollo de un tablero de control matemático. Adicional dimos una idea de cómo tratar los procesos psicológicos de los astronautas mediante realidad virtual planteando como producto un visor de realidad virtual cargado con datos emotivos de los astronautas

LIMITACIONES

Las limitaciones habituales de los modelos matemáticos, sobre todo las restricciones en torno al grado de realismo que puede ser capturado. Por ejemplo, los patrones de contacto humano son intratablemente complejos. Como todos los modelos, la calidad de las salidas depende de la calidad de las entradas, y muchos de los parámetros en los que se basan estos modelos todavía están sujetos a grandes incertidumbres. Los modelos dinámicos se validan comúnmente comparando sus proyecciones con los datos sobre qué en realidad sucedió. Sin embargo, existen varios desafíos al intentar modelar actividades espaciales

(a) Problemas de calidad de datos.
(b) Dificultad para predecir futuras respuestas frente a las inhóspitas condiciones que experimenta el espacio profundo para albergar vida terrestre.
(c) El hecho de que las propias proyecciones tienen el potencial de influir en las decisiones políticas, por ejemplo, modelo optimista. Las proyecciones pueden conducir a políticas bien estructuradas o no.

Sistema propuesto por el Equipo Espiral del Conocimiento

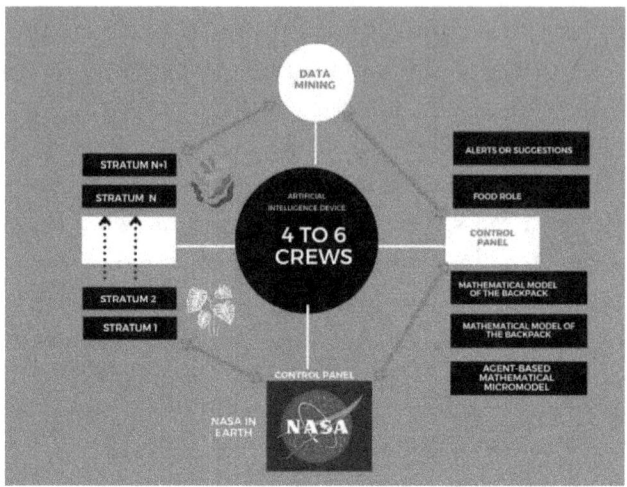

Escanear el código QR para ver video resumiendo el proyecto en solo 30 segundos

Referentes teóricos.

http://www.nasa.gov/audience/forstudents/5-8/features/what-is-a-spacesuit-58.html

BETT, E. W, y PIAGET, J. Relaciones entre la lógica formal y el pensamiento real. Ciencia Nueva, Madrid. 1961.

PIAGET, J. y NUTTIN, J. Los procesos de adaptación. Ed. Prometeo, Buenos Aires, 1970.

MIGUEL DE ZUBIRIA. Adaptación y patopsicología, Revista de psicologia, Unmiversidad Nacional de Colomkbia, 1979-1984 XXIV 61-68.

https://ciencia.nasa.gov/science-at-nasa/2003/02oct_goldilocks

https://www.uaeh.edu.mx/scige/boletin/tlahuelilpan/n6/e2.html

https://www.nasa.gov/directorates/spacetech/niac/2011_radiation_shielding/

https://www.cell.com/cell/fulltext/S0092-8674(20)31457-4?_returnURL=https%3A%2F%2Flinkinghub.elsevier.com%2Fretrieve%2Fpii%2FS0092867420314574%3Fshowall%3Dtrue

https://genelab-data.ndc.nasa.gov/genelab/accession/GLDS-32/

https://genelab-data.ndc.nasa.gov/genelab/accession/GLDS-288/

https://genelab-data.ndc.nasa.gov/genelab/accession/GLDS-135/

https://genelab-data.ndc.nasa.gov/genelab/accession/GLDS-345/

https://genelab-data.ndc.nasa.gov/genelab/accession/GLDS-211/

https://fad.unsa.edu.pe/bancayseguros/wp-content/uploads/sites/4/2019/03/investigacic3b3n-de-operaciones-9na-edicic3b3n-hamdy-a-taha-fl.pdf

Después de presentar el proyecto y quedar entre los primeros lugares del concurso, la NASA responde al equipo que en 10 años de concursos primera vez que se presenta una gran idea, pero no lo eligen el ganador por la pésima traducción al inglés y quedaron en comunicarse nuevamente con el equipo para llevar adelante el proyecto.

Respuesta de la NASA al equipo "Espiral del Conocimiento"

El equipo fue invitado para el próximo evento mundial del 2022

Certificados otorgados por la NASA a cada miembro del Equipo Espiral

Vida y Conocimiento

"Desde lo profundo de nuestro corazón hacia la plenitud de la vida"

ACERCA DEL AUTOR

Ramón Antonio Padilla Hernández

Nace en Yumare (Yaracuy) VENEZUELA a la orilla de un río el 25 de mayo de 1982. Realiza estudios universitarios en la Universidad Centroccidental Lisandro Alvarado (UCLA) donde obtiene su título de Licenciado en Ciencias Matemáticas (2008) y posteriormente, el año 2013 alcanza la Maestría en Matemáticas en la Universidad Simón Bolívar (USB).

Oficial asimilado del Ejercito Venezolano (2013-2018) en los grados de teniente y primer teniente respectivamente, donde ocupó importantes cargos: Jefe del Area de Estadistica del Ministerio de la Defensa, Coordinador de Articulación y Planificación Educativa del Viceministerio de Educación para la Defensa, Oficial programador de la Dirección de Personal del Ejercito y Coordinador Nacional de Extensión en la Universidad Nacional Experimental de la Fuerza Armada (UNEFA).

Ha ejercido como docente de matemáticas y ciencias desde nivel básico primaria-secundaria hasta nivel universitario y al año 2023 es professor de matemáticas en la Universidad Tecnológica del Perú (UTP).

Fundador principal de la **Fundación Espiral del Conocimiento** en el año 2014 en Venezuela https://espiraldelconocimi.wixsite.com/fundacion ,
http://conocimientopartodos.blogspot.com/p/ramon-padilla.html

Tesis para obtener el título de Licenciado en Ciencias Matemáticas **Grafos de Línea Hamiltonianos-conexos** https://1library.co/document/ydk3o6q-grafos-de-linea-hamiltonianos-conexos.html

Seminario de matemáticas en el Instituto de Matemáticas y otras Ciencias IMCA 2019 (UNI) http://imca.edu.pe/jpalacios/files/Seminario_IMCA/semestre.html

Proyecto vida más allá de la tierra en concurso internacional NASA 2021 https://diariodechimbote.com/2021/10/23/proyecto-vida-mas-alla-de-la-tierra-es-reconocida-por-la-nasa/, Equipo espiral del conocimiento

https://2021.spaceappschallenge.org/challenges/statements/have-seeds-will-travel/teams/spiral-of-knowledge/members

www.ingramcontent.com/pod-product-compliance
Lightning Source LLC
Chambersburg PA
CBHW070355220526
45467CB00001B/385